T0254012

Risiko Energiewende

Konrad Kleinknecht ist Professor für experimentelle Physik, er forschte an den Universitäten in Heidelberg, Dortmund, Harvard, Mainz und München. Seine Arbeiten zur Hochenergiephysik wurden mit zahlreichen Preisen ausgezeichnet, darunter dem Leibniz-Preis der DFG, dem Hochenergiepreis der Europäischen Physikalischen Gesellschaft und der Stern-Gerlach-Medaille der Deutschen Physikalischen Gesellschaft (DPG). Neben Forschungsarbeiten veröffentlichte er Bücher über Teilchendetektoren und die Materie-Antimaterie-Asymmetrie. Er war zudem Klimabeauftragter der DPG.

Konrad Kleinknecht

Risiko Energiewende

Wege aus der Sackgasse

 Springer

Konrad Kleinknecht
Fakultät für Physik
LMU Universität München
Garching, Deutschland

ISBN 978-3-662-46887-6   (Hardcover)
ISBN 978-3-662-46888-3   (eBook)
ISBN 978-3-662-57553-6   (Softcover)
https://doi.org/10.1007/978-3-662-46888-3

Die Deutsche Nationalbibliothek verzeichnet diese Publikation in der Deutschen Nationalbibliografie; detaillierte bibliografische Daten sind im Internet über http://dnb.d-nb.de abrufbar.

Verantwortlich im Verlag: Stephanie Preuß

Gedruckt auf säurefreiem und chlorfrei gebleichtem Papier

Springer ist ein Imprint der eingetragenen Gesellschaft Springer-Verlag GmbH, DE und ist ein Teil von Springer Nature
Die Anschrift der Gesellschaft ist: Heidelberger Platz 3, 14197 Berlin, Germany

Vorwort

Am 9. Februar 2012 schrillten die Alarme in den Schalt-
zentralen der deutschen Übertragungsnetzbetreiber. Der
Strombedarf war jahreszeitlich bedingt hoch, die Kraftwerke liefen auf Hochtouren, die eingespeiste Leistung
von Solar- und Windkraftanlagen lag bei null. Wegen der
Abschaltung von Kernkraftwerken genügte die vorhandene Leistung der aktiven Kraftwerke nicht mehr, alle alten
und ineffizienten Kohlekraftwerke wurden in Betrieb genommen, für die Spitzenlast sollten die Gaskraftwerke dienen. Aber der Fluss der russischen Gaslieferungen durch
die Ukraine war heruntergefahren, es war nicht ausreichend
Gas verfügbar. Kurzzeitig wurde entschieden, ein mit Erdöl
betriebenes Kraftwerk anzuwerfen. Der bereits in greifba-
re Nähe gerückte Blackout wurde gerade noch vermieden.
Die Folgen wären nicht auszudenken gewesen: Stillstand
der Industrieproduktion, Zusammenbruch des Verkehrs,
Ausfall der Heizungen, der Telefone und der Wasser- und
Nahrungsmittelversorgung.

Der Ausstieg aus der Nutzung der Kernenergie in
Deutschland wurde im Sommer 2011 im Eiltempo beschlossen. Unter dem Eindruck der Havarie im Kernkraftwerk Fukushima reagierte die politische Führung mit einer

Kehrtwende in der bisherigen Energiepolitik. Ein Aufatmen ging durch das Land, schien es doch, dass damit nicht nur das lästige Problem der Kernenergie beseitigt, sondern auch die Zukunft der Energieversorgung gesichert sei. Wind und Sonne sollten die ausfallende Kraftwerksleistung ersetzen. Und die Sonne schickt uns keine Rechnung. Wir können also dieses Problem vergessen und uns anderen Fragen zuwenden.

Erst nach einigen Monaten zeigte sich, dass der in Eile beschlossenen Energiewende gar kein Plan zugrunde lag, sondern eher eine spekulative Hoffnung, alles möge gut gehen und der Markt werde es mit genügend Subventionen schon richten. Dass noch gewaltige Hindernisse vor uns liegen, wurde in der Euphorie der „alternativlosen" Aktion verdrängt. Und ein Großteil dieser Hindernisse liegt in uns selbst, im Egoismus des Bürgers, der dem St.-Florians-Prinzip huldigt. Wir wollen alle den Strom aus erneuerbaren Energien, aber bitte keine Hochspannungsleitungen in meiner Nähe, keine Pumpspeicherkraftwerke in den Mittelgebirgen, keine stinkenden Biogasanlagen, keine geräuschvollen Windräder auf den Hügeln, keine Kohlekraftwerke zum Ersatz der Wind- und Solarenergie während der wind- und sonnenlosen Zeiten, keine teuren Gaskraftwerke. Und natürlich wollen wir auch unseren Stromverbrauch nicht einschränken, sondern erweitern, um alle Handys, Laptops, Rechner, Wärmepumpen, Elektroautos, Verkehrsampeln, Expresszüge, Straßenbahnen, Straßenbeleuchtungen, Röntgengeräte und Kernspintomographen in Betrieb zu halten.

Wenn wir unseren hohen Lebensstandard mit hohem Stromverbrauch halten wollen, nachdem wir ein Viertel unseres Kraftwerkspotenzials abgeschaltet haben, brauchen wir aber alle diese technischen Anlagen in unserem Land: Windräder an der Küste, auf hoher See und auf den Bergeshöhen, wo der Wind weht, Hochspannungsleitungen von der Küste in die südlichen Bundesländer, neue Stauseen und Pumpspeicher, neue effiziente Kohle- und Gaskraftwerke, neue Materialien für die Photovoltaik. Wir erhöhen die Strompreise durch Subventionen für die teuren Photovoltaik- und Windkraftanlagen, aber die energieintensiven Industrien sollen doch bitte nicht das Land verlassen und auswandern. Denn sie bilden unsere industrielle Basis und beschäftigen hundertmal mehr Menschen als die Unternehmen im Bereich der erneuerbaren Energien. Bei den vier überregionalen Energieversorgern wurden Milliardenwerte durch den Regierungsbeschluss vernichtet, was einer teilweisen Enteignung entspricht. Sie haben zwar die Bundesregierung auf Schadenersatz verklagt, aber die Verluste sind immens. Deshalb können sie den Umbau der Stromerzeugung und den Ausbau der Netze nicht mehr finanzieren. Vielleicht übernehmen ausländische Unternehmen die Aufgabe.

Der Ausstiegsbeschluss war mit heißer Nadel gestrickt. Ein realistischer Plan für den Umbau fehlt. Für die Umstellung unserer gesamten Stromversorgung und damit unserer Wirtschaft ist der Zeitraum von zehn Jahren unrealistisch kurz. Es fehlt eine belastbare empirische Begründung, die die Fragen der Versorgungssicherheit, der Finanzierbarkeit, der Auswirkungen auf die wirtschaftliche Entwicklung und die soziale Gerechtigkeit behandeln müsste. Diese Wende droht an ihren Widersprüchen zu scheitern.

Der Bundesminister für Wirtschaft und Energie, Sigmar Gabriel, sagte am 17. April 2014 in einer Rede bei der Solarfirma SMA in Kassel:

-Die Wahrheit ist, dass die Energiewende kurz vor dem Scheitern steht.-Die Wahrheit ist, dass wir auf allen Feldern die Komplexität der Energiewende unterschätzt haben.-Für die meisten anderen Länder in Europa sind wir sowieso Bekloppte.
-Wir haben eine Überförderung von 23 Milliarden Euro für erneuerbare Energien jedes Jahr. Davon sind 50 Prozent für Solar, die aber nur 4–5 Prozent zu den erneuerbaren Energien beitragen.
-Kein Land in Europa gibt jährlich 23 Milliarden Euro zur Förderung der erneuerbaren Energien aus.

Im November 2014 beklagte der Minister dann „irre Zustände" bei der Energiewende, für die er verantwortlich ist. Das sei „eine Karnevalsveranstaltung", über die die österreichischen Kollegen vor Lachen nicht in den Schlaf kämen. Selten hat ein Bundesminister so passende und klare Worte für ein verunglücktes politisches Projekt gefunden. Und selten hat ein Bundesminister so wenig getan, um das Projekt zu beenden oder wenigstens in vernünftige Bahnen zu lenken. Diesen Erkenntnissen folgte keine wirkliche Reform des ursächlichen Erneuerbare-Energien-Gesetzes, sondern nur eine winzige Korrektur, die den Subventionsempfängern nicht weh tut. Ungeklärt bleibt weiterhin, wie ein großflächiger Stromausfall in windstillen Nächten vermieden werden kann, wenn weitere Grundlastkraftwerke stillgelegt werden. Der Umbau wird nur gelingen, wenn das planwirtschaftliche EEG grundlegend reformiert oder ganz abgeschafft und durch marktwirtschaftliche Mechanismen ersetzt wird. In einer großen Anstrengung muss der Gemeinsinn den Vorrang vor den Einzelinteressen der Subventionsempfänger und den Egoismen der Regionalpolitiker bekommen. Die Energieversorgung muss dem Wohl des Ganzen dienen und dem Industriestandort Deutschland nutzen. Ein Blackout wäre eine Katastrophe für das ganze Land, er muss unter allen Umständen vermieden werden.

Davon soll dieses Buch handeln.

Inhalt

1 Fossile Energiequellen 1

1.1 Wie die Energie in der Erde gespeichert wurde 1

1.2 Entstehung menschlicher Zivilisation und das Feuer . . 6

1.3 Förderbare Ölreserven 9

1.4 Erdgas – Heizung und Strom 20

1.5 Kohle – Energie des 21. Jahrhunderts 35

1.6 Wie Kraftwerke aus Wärme Strom machen 39

1.7 Kraftwerke mit fossilen Brennstoffen 43

1.8 Der Treibhauseffekt 52

2 Neue Energie 69

2.1 Wasserkraft – blaue Energie 69

2.2 Windkraft – an der Küste und auf hoher See 82

2.3 Biomasse und Biogas 90

2.4 Solarthermie – Wärme von der Sonne 97

2.5 Photovoltaik – dezentrale Stromquelle 106

2.6 Ersatzkraftstoffe 116

2.7 Energie einsparen 120

3 Neue Spieler 133

3.1 Die neue Großmacht China 133

3.2 Wachsendes Indien 142

4 Die deutsche Energiewende 151

4.1 Das Erneuerbare-Energien-Gesetz 151

4.2 Die Ethikkommission 156

4.3 Die Ausstiegsgesetze 166

4.4 Ausbau der Stromnetze 168

4.5 Speicherung der elektrischen Energie 176

5 Die neuen Risiken 187

5.1 Risiko „Stromkosten und soziale Schieflage" 187

5.2 Risiko „Abhängigkeit" 191

5.3 Risiko „Klima"? 197

5.4 Risiko „Blackout" 203

6 Mythen und Illusionen der Energiewende 209

6.1 Energiewende schafft Arbeitsplätze 209

6.2 Energiewende trägt zum Klimaschutz bei 212

6.3 Erneuerbare Energien können Haushalte mit Strom versorgen 213

6.4 Erneuerbare Energien sind dezentral 216

6.5 Die Sonne schickt uns keine Rechnung 217

6.6 Die Bahn fährt mit Ökostrom 218

6.7 Illusionen 218

7 **Was tun?** 221

7.1 Photovoltaik ohne Einspeisungsgarantie, aber
mit Speicher 222

7.2 Stromspeicher in Nachbarländern nutzen 223

7.3 Nord-Süd-Leitungen bauen 224

7.4 Europäisches Verbundnetz ausbauen 225

7.5 Warmwasser aus Solarthermie 225

7.6 Wärme aus dem Grundwasser pumpen 226

7.7 Hybridautos 226

7.8 Wärmedämmung bei Neubauten 227

7.9 Fazit 227

Literaturhinweise 231

Glossar 233

Sachverzeichnis 243

1

Fossile Energiequellen

1.1 Wie die Energie in der Erde gespeichert wurde

Die Erde entstand vor 4,5 Milliarden Jahren. Sie durchlief viele Entwicklungsstufen, von einem teilweise flüssigen Materieklumpen bis zu ihrem heutigen Zustand. In der Karbon-Zeit vor 350 bis 280 Millionen Jahren wuchsen auf den nach dem Rückgang des Meeres freigelegten Landmassen – insbesondere in den äquatornahen Gebieten – üppige Schachtelhalmwälder, vergleichbar den heutigen Regenwaldgebieten in Äquatornähe (Abb. 1.1). Die Wälder versanken, und aus ihnen entwickelte sich unter der Erde in Millionen Jahren, je nach den äußeren Bedingungen, Kohle, Öl, Erdgas oder Torf, d. h. alle uns heute zur Verfügung stehenden fossilen Brennstoffe. Da sie aus pflanzlichem Kohlenstoff unter Luftabschluss entstanden sind, bestehen sie entweder aus Kohlenstoff (C) oder aus Kohlenwasserstoffen ($C_n H_m$) in unterschiedlichen Zusammensetzungen. Diese fossilen Brennstoffe bilden die Grundlage der Energieversorgung der Menschen über Jahrtausende.

Vor 250 Millionen Jahren bedeckte das Meer noch einen großen Teil der Erdoberfläche. Die Landmassen bildeten

© Springer-Verlag GmbH Deutschland, ein Teil von Springer Nature 2015
K. Kleinknecht, *Risiko Energiewende*,
https://doi.org/10.1007/978-3-662-46888-3_1

Abb. 1.1   Schachtelhalmwälder

ganz andere Kontinente als heute. Deutschland lag am Rande des Kontinents Pangäa, einer heißen Wüstenlandschaft, teilweise im tropischen Thethys-Meer. Der Randbereich wurde durch kalkabscheidende Organismen wie Korallen, Algen, Schwämme, Seefedern, Ringelwürmer und Kieselalgen besiedelt. Im lichtdurchfluteten Schelf des tropisch warmen Meeres verarbeiteten diese Lebewesen die im Wasser gelösten Substanzen Kohlendioxid und Kalzium zu Kalkstein. Dabei stammt das im Wasser gelöste Kalzium aus zwei Prozessen, der Karbonat- und der Silikatverwitterung.

Die bis zu 2000 Meter mächtigen Schichten aus Kalkstein und Silikaten traten beim Rückgang des Wassers an die Oberfläche. Durch Kollisionen und Zusammenschieben der tektonischen Platten der Erdoberfläche wurden sie in manchen Gegenden zu Gebirgen wie in den Alpen; in anderen Gegenden blieben sie als Korallenriffe so erhalten, wie sie unter Wasser entstanden waren, etwa in Südchina in der Gegend Gui-Lin (Abb. 1.2).

Abb. 1.2   Kalkfelsen in der Region Gui-Lin in China

Die kalkabscheidenden Organismen entzogen dem Meerwasser riesige Mengen des dort gelösten Kohlendioxids. Dadurch konnte das Meer wieder neues Kohlendioxid aus der Luft aufnehmen, und der Kohlendioxidgehalt der Atmosphäre nahm ab. Wie im Abschn. 1.8 beschrieben wird, wirkt Kohlendioxid neben dem Wasserdampf in der Atmosphäre ähnlich wie das Glasdach eines Treibhauses und fördert die Erwärmung der Erdoberfläche. Der größte Teil dieses natürlichen Treibhauseffekts beruht auf dem Wasserdampf, aber auch das Kohlendioxid trägt bei höherer Konzentration zu einem kleinen Teil dazu bei. Als der natürliche Treibhauseffekt sich verminderte, sank die Temperatur der Erdoberfläche ab auf Werte, die die Entwicklung höherer Lebewesen ermöglichten.

Entstehung der schweren Elemente

Neben der Einlagerung der fossilen Brennstoffe in der Erde gibt es eine weitere Energiereserve, die im Erdinneren gespeichert ist. Sie besteht aus den schweren radioaktiven Elementen wie Uran und Thorium. Die Materie, aus der sich vor 4,5 Milliarden Jahren der Planet Erde gebildet hat, stammt aus zwei verschiedenen Prozessen. Die leichten Elemente wie Sauerstoff, Kohlenstoff, Aluminium und Eisen entstanden aus den Fusionsprozessen in sonnenähnlichen Sternen. Dagegen wurden die schweren Elemente wie Blei, Gold, Uran und Thorium beim Gravitationskollaps massereicher Sterne, einer Supernova-Explosion, in den Weltraum geschleudert. Aus den leichten und schweren Elementen bildeten sich in der Nähe von Sternen Staub- und Gaswolken. Mit ihrer Masse stieg die Anziehungskraft, sie zogen weitere Materie an sich. Aus den Masseklumpen entstanden Planeten, Kometen und Meteoriten. Einer dieser Planeten ist unsere Erde.

Wie liefen die Kernfusionsprozesse im Detail ab?

Bei den Kernfusionsprozessen in sonnenähnlichen Sternen wurde zunächst der vorhandene Wasserstoff im 15 Millionen Grad heißen Kern des Sterns zu Helium verbrannt. Genauer gesagt, vereinigten sich vier Wasserstoffkerne zu einem Heliumkern, sie fusionierten. Wenn der Wasserstoff verbraucht war, begann der Stern, drei oder vier Heliumkerne zu einem Kohlenstoffkern mit 12 Kernbausteinen oder zu einem Sauerstoffkern mit 16 Kernbausteinen zu fusionieren.

An dieser Stelle trennen sich die Wege der leichten und der schweren Sterne. War die Masse des Sterns kleiner als zwei Sonnenmassen, so beendete er sein Leben als weißer

Zwerg aus Kohlenstoff und Sauerstoff, der langsam erkaltete und keine schweren Elemente enthielt.

War der Stern jedoch wesentlich massereicher und die Gravitationsenergie damit größer, dann schlossen sich weitere Fusionsprozesse bis hin zur Supernova-Bildung an, in deren Verlauf zunächst Neon, Magnesium, Silizium, Schwefel, Eisen und Nickel erzeugt wurden. Eisen ist das Element, bei dem die Bindung der Kernbausteine Proton und Neutron am stärksten wirkt. Die letzten Schritte der Fusion liefen im Vergleich zum Wasserstoffbrennen schnell ab.

Danach ging es noch schneller: Der schwere und kompakte Reststern stürzte unter dem Einfluss seiner eigenen enormen Schwerkraft in Sekunden in sich zusammen. Dabei entwickelte er eine riesige Leuchtkraft, die dem Phänomen seinen Namen „Supernova-Explosion" gab. Schon Johannes Kepler beobachtete im Jahre 1604 mit bloßem Auge eine solche Supernova und stellte fest, dass die Leuchtkraft in 80 Tagen auf die Hälfte abgefallen war. Heute wissen wir, dass diese charakteristische Zeit der Lebensdauer des radioaktiven Elements Kobalt-56 entspricht. Es wird beim Supernova-Kollaps aus zwei Siliziumkernen bei enorm hohen Temperaturen gebacken.

Durch den Kollaps der Supernova-Sterne entstanden und entstehen auch die schweren Elemente im Weltall. Aus Elementen wie Blei, Gold, Uran und Thorium zusammen mit den leichteren Elementen bildete sich so die Urmaterie der Planeten und auch der Erde. Die schwersten Elemente zerfallen sehr langsam unter Emission von Heliumkernen oder „Alphateilchen", und diese Zerfallsprodukte erwärmen bei ihrer Abbremsung die umgebende Materie. So wird das Erdinnere durch die Radioaktivität der schwersten

Elemente warm und flüssig gehalten. Die Wärmeentwicklung der radioaktiven Elemente im Erdinneren entspricht dabei etwa der Leistung von 20.000 Kernkraftwerken mit je 1000 Megawatt.

Auf diese Weise entstanden im Laufe der Erdgeschichte die Lagerstätten der fossilen Brennstoffe und der Uranerze in der Erdkruste, die uns zugänglich sind. Die Temperatur der Erdoberfläche sank auf Werte, die tierisches und menschliches Leben ermöglichten. Nach abwechselnden Eis- und Warmzeiten erleben die Erde und die Menschen seit 11.500 Jahren eine stabile Warmzeit, das „Holozän". In dieser klimatisch idealen Zeit haben sich die ersten menschlichen Hochkulturen entwickelt.

1.2 Entstehung menschlicher Zivilisation und das Feuer

Der Mensch, der sich vor etwa 2 Millionen Jahren in Ostafrika als aufrecht gehender *Homo erectus* aus seinen affenartigen Vorfahren entwickelte, überlebte zunächst nur in den warmen Gegenden der Erde. Doch konnte er durch die Beherrschung des Feuers seinen Lebensraum als Jäger und Sammler auch auf nördliche Regionen ausdehnen, wo er dem schwankenden Klima ausgeliefert war. Verschiebungen der Kontinente, Schwankungen des Abstandes der Erde von der Sonne und der Neigung der Erdachse, Vulkanausbrüche und Meteoriteneinschläge beeinflussten das Klima, Eiszeiten und Warmzeiten wechselten sich ab. Der Unterschied der mittleren Temperaturen zwischen solchen

Eis- und Warmzeiten betrug zwar nur fünf bis zehn Grad Celsius, jedoch reichte dies in den Kälteperioden aus, um große Teile der polnahen Kontinente mit Eis zu bedecken.

Als vor 12.000 Jahren die letzte Eiszeit in unsere stabile Warmzeit überging, entstanden in Südostanatolien die ersten Siedlungen des Neolithikums. Am Oberlauf des Euphrat und Tigris wurden aus Jägern und Sammlern sesshafte Ackerbauern und Viehzüchter. In einer der in letzter Zeit entdeckten Siedlungen, Göbeli Tepe, fand man monumentale verzierte T-förmige Stelen in kreisförmiger Aufstellung. Die älteste lebensgroße Skulptur eines Menschen wurde in Urfa ausgegraben, sie stammt aus dem 9. Jahrtausend v. Chr.

Etwa um 4000 v. Chr. bildete sich die städtische Kultur der Sumerer im Zweistromland oder Mesopotamien, dem heutigen Irak. Zwei Voraussetzungen waren vorhanden: das milde Klima und die Wasserversorgung durch Euphrat und Tigris. Die babylonische Kultur erfand die Keilschrift auf Tontafeln, sie besaß ein hervorragendes Zahlen- und Rechensystem auf der Basis der Zahl 60 anstelle unserer 10. Die Babylonier kannten tausend Jahre vor den Griechen den „Satz des Pythagoras" über die Flächensumme im rechtwinkligen Dreieck, sie machten astronomische Beobachtungen und Berechnungen und führten einen Kalender ein; sie domestizierten die wichtigsten Haustiere, kultivierten die ersten Nutzpflanzen und erfanden die Töpferscheibe. In der Religion waren Ansätze zum Monotheismus vorhanden, Gut und Böse bildeten einen Dualismus, ähnlich wie in den später entstandenen jüdischen, christlichen und islamischen Weltreligionen. Über die Phönizier kamen diese Errungenschaften zu den Griechen. Der griechische Astronom Ptolemäus rechnete im babylonischen 60er-System, nicht im griechischen Zehnersystem, weil jenes Rechnungen mit großen Zahlen einfacher machte.

In all diesen frühen Kulturen, der mesopotamischen, der assyrischen, der ägyptischen und der griechischen, gab es ein Gleichgewicht zwischen der Bevölkerungszahl und der Nahrungsmittelproduktion des Landes. Der Niedergang der babylonisch-arabischen Kultur wurde durch die Unfruchtbarkeit der Böden verursacht. Da jahrtausendelang der Boden künstlich bewässert worden war, löste sich Salz im Boden und sammelte sich im Grundwasser. Wegen der schnellen Verdunstung versalzten die Böden und konnten so die Bevölkerung nicht mehr ernähren.

Auch in der Hochkultur der Ägypter zwischen 3000 und 2000 v. Chr. bildete die Bewässerung der Felder die Lebensgrundlage. Deshalb war hier der Lebensrhythmus durch die Überschwemmungen im Niltal bestimmt. So konnte über Jahrtausende eine statische Gesellschaft bestehen, indem sie nur die Ressourcen verwendete, die die Natur bereithielt; allerdings gehörte dazu als Energiequelle auch die Sklavenarbeit. Auch die griechische Demokratie und das römische Weltreich nutzten als Energiequelle neben der Verbrennung von Holz die Arbeitskraft der Sklaven in der Landwirtschaft und beim Bau von Tempeln und Schiffen.

Und heute? Die Erfindung der Dampfmaschine und des Dynamo ermöglichen den heutigen Menschen, ein Vielfaches an Energie einzusetzen. Ein Mitteleuropäer verfügt heute durchschnittlich rund um die Uhr über die Arbeitskraft von 50 Maschinensklaven. Gleichzeitig ist die Weltbevölkerung auf sieben Milliarden Menschen angewachsen, die alle menschenwürdig leben wollen und dafür Nahrung, Kleidung und – als deren Grundlage – Energie brauchen.

Nur durch den Einsatz von Düngemitteln und Pflanzenschutzmitteln sowie durch Züchtung neuer Getreide- und Reissorten und mit einem fortlaufend steigenden Energieeinsatz können genügend Nahrungsmittel für die Weltbevölkerung und die 3,5 Milliarden Nutztiere – Rinder, Schweine und Schafe – erzeugt werden.

Deshalb stellt sich die Frage, ob der Energieeinsatz so gesteigert werden kann, dass im Jahr 2050 etwa neun Milliarden Menschen auf dem Niveau des europäischen Lebensstandards leben können. Aus welchen Quellen können wir schöpfen und welche Vorräte bietet die Erde, um die Menschheit mit der nötigen Energie zu versorgen? Es gibt die fossilen Brennstoffe Kohle, Öl und Erdgas und die Uranerze in der Erdkruste, die nachwachsenden Rohstoffe Holz und Nutzpflanzen und die unerschöpfliche Energie der Sonne, die uns wärmt und Wind und Wasser in Bewegung hält. Die Vor- und Nachteile dieser Energiequellen schildere ich in den folgenden Kapiteln.

1.3 Förderbare Ölreserven

Im Jahr 1972 erregte ein Buch des „Club of Rome" großes öffentliches Interesse: *Die Grenzen des Wachstums*. Die Autoren Dennis Meadows, Donnella Meadows und Erich Zahn argumentierten, dass die in der Erde gespeicherten Vorräte an den fossilen Brennstoffen Öl, Erdgas und Kohle endlich sind und dass ein steigender Verbrauch der Ressourcen in absehbarer Zeit zu Problemen führen werde. Zufällig fiel die Veröffentlichung in die Zeit der ersten Ölkrise, als die in der Organisation OPEC zusammengeschlossenen

Förderländer den Ölpreis nach oben trieben, indem sie die Förderung drosselten. Die Autoren nahmen an, dass der Verbrauch jedes Jahr um denselben Prozentsatz zunimmt. Dann würde der Bedarf stärker als linear ansteigen. Wie bei Zins und Zinseszins bekannt, bekommt man im zweiten Jahr auch Zinsen für den Zinsbetrag des ersten Jahres. Dieser „exponentiell" ansteigende Bedarf würde jeden endlichen Vorrat in einem berechenbaren Zeitraum aufzehren.

Dann hätten wir allen Grund zur Sorge.[1]

Der Irakkrieg

Im Winter 2005 standen Demonstranten vor dem Weißen Haus im Schneetreiben. Ihre Plakate schrien „*No blood for oil*" oder „*Get our boys home from Iraq*". Die Demonstranten hielten respektvoll Abstand vom bewachten Staketenzaun, der das weiße Gebäude und seinen Park umgibt. Der Präsident beachtete sie nicht. Er wusste um die strategische Bedeutung des Öls für die Vereinigten Staaten. Die Situation, die ihm sein Energieminister im Oval Office schilderte, war dramatisch: Während noch im Jahre 1988 61 Prozent des Ölbedarfs durch eigene Förderung gedeckt waren und nur 39 Prozent importiert werden mussten, war die Abhängigkeit vom Import aus Mexiko, Kanada, Venezuela und den Staaten des Nahen Ostens in den 16 Jahren danach drastisch angestiegen.

Die eigenen Ölreserven der USA, die erschlossen oder mit den bekannten Methoden abbaubar waren, würden weniger als zehn Jahre zur Deckung des Bedarfs ausreichen. Im Jahr 2004 mussten schon 65 Prozent des Rohöls importiert

---

[1] Zahlenmaterial findet man bei der Bundesanstalt für Geowissenschaften und Rohstoffe, www.bgr.bund.de.

werden, die Förderung in den USA ging zurück und konnte nur noch 35 Prozent des Bedarfs decken, mit fallender Tendenz. Der gesamte Verbrauch an Öl war in dieser Zeit noch um 1,1 Prozent pro Jahr gestiegen, auf 20,7 Millionen Fass pro Tag oder eine Milliarde Tonnen Öl pro Jahr. Das Öl war wesentlich teurer geworden, weil die rasant wachsenden asiatischen Länder China und Indien für ihren Bedarf einen hohen Preis zu zahlen bereit waren und außerdem die Bohrinseln im Golf von Mexiko beim Hurrikan Katrina beschädigt worden waren. Chinas Verbrauch war in einem Jahr um 16 Prozent angestiegen und stieg weiter, und der größte Teil dieser Menge musste importiert werden – auch aus denselben Ländern, aus denen die Vereinigten Staaten von Amerika ihren Bedarf deckten.

Deshalb war es beruhigend, US-Truppen in Saudi-Arabien, den Emiraten und Kuwait zu haben. Besonders wichtig war der Militärflugplatz Udeis im gasreichen Zwergstaat Katar. Von dort aus konnte die US Air Force den Luftraum und die Politik der ganzen Golfregion beherrschen. Doch überall sonst, wo sich neue Fördermöglichkeiten für Öl boten, waren die Chinesen vor Ort, in Nigeria, im Sudan, in Kasachstan, in Venezuela und in Ecuador. Besonders bedenklich waren die chinesischen Lieferverträge mit dem Iran.

Der amerikanische Präsident George W. Bush blickte in den schneebedeckten Garten des Weißen Hauses und erinnerte sich an die Worte seines Vizepräsidenten vor drei Jahren. „Im Irak können wir einen guten Teil der Energiereserven unter unsere Kontrolle bringen", hatte dieser gesagt. Nur stellte sich der Krieg im Irak als wesentlich schwieriger und kostspieliger heraus als gedacht. Zwar hatte der Präsident schon im Mai 2003 verkündet: *„mission completed"*, aber das entsprach keineswegs der Lage im Land, und die Begründung für den Angriff, der Irak habe Massenvernichtungswaffen, mit denen er die USA angreifen wolle, wurde von niemandem weltweit geglaubt. Wie sollten die USA ihren Bedarf an Öl decken, wenn sie die Kontrolle über die Reserven in den arabischen Ländern verlören? Gab es eine alternative Möglichkeit, Öl im eigenen Land zu fördern?

Stabiler Verbrauch

Weltweit wurden nach Angaben der amerikanischen Energy Information Administration (EIA) in den letzten zehn Jahren etwa vier Milliarden Tonnen Rohöl im Jahr gefördert, verarbeitet und verbraucht. Im Gegensatz zu den Annahmen des Club of Rome stieg der Verbrauch in den letzten Jahren nicht an, der Verlauf war weit entfernt von einem exponentiellen Anstieg. Einer der Gründe war die globale Finanzkrise in den Jahren 2008/2009, die den Bedarf einbrechen ließ. Der Preis sank bis auf 32 Dollar pro Fass, um dann innerhalb eines Jahres wieder auf das vorherige Niveau anzusteigen. Ein weiterer Grund liegt darin, dass verbesserte effizientere Produktionsmethoden das Wirtschaftswachstum vom Energieverbrauch entkoppelt haben. Während früher ein Prozent Wachstum auch ein Prozent mehr Energieeinsatz erforderte, ist das heute nicht mehr der Fall. Die Effizienzsteigerung wird zum Teil getragen von der zunehmenden digitalen Steuerung der Prozesse.

Die aus dem Rohöl gewonnen Produkte Benzin, Dieselöl und Flugbenzin dienen zum größten Teil dem Verkehr. Kleinere Mengen werden als Heizöl verbrannt oder bilden die Grundlage der organischen chemischen Industrie. Eine

Reduzierung des Ölbedarfs im Straßenverkehr wäre im Prinzip möglich, indem der Verbrauch von Kraftfahrzeugen gesenkt wird, und zwar durch Erhöhung der Effizienz der Motoren und Verringerung des Gewichts. Das Drei-Liter-Auto wird bei uns hergestellt, doch wenig gekauft. Auch Elektroautos und Hybride sind auf dem Markt, aber relativ teuer und in der Reichweite beschränkt. Viele Verbraucher bevorzugen große schnelle Autos mit notwendigerweise hohem Verbrauch. In den letzten Jahren haben sich Geländewagen als Statussymbol durchgesetzt, deren Treibstoffverbrauch das Doppelte eines Familienwagens beträgt. Diese *Sports Utility Vehicles* (SUV) wurden ursprünglich für den amerikanischen Markt gebaut, finden aber auch in Europa und Asien trotz ihres hohen Benzinverbrauchs ausgesprochen viele Käufer.

Mit fünf Prozent der Weltbevölkerung verbrauchten die USA im Jahr 2013 ein Viertel des Öls, während China, wo 20 Prozent der Weltbevölkerung leben, sich noch mit zwölf Prozent des Öls zufriedengab. Dieser Anteil steigt aber rapide an. Wegen der Smogbildung in den Großstädten versuchen die Behörden inzwischen, durch Begrenzung der Zulassungen die Autoflut einzudämmen. Es ist für viele Chinesen leichter, den hohen Preis für ein Auto aufzubringen, als eine Zulassung für den Straßenverkehr zu bekommen. Teilweise wird diese verlost. Vor zehn Jahren fragte Hou Jinglin von der Akademie der Wissenschaften in Peking: „Sollen eine Milliarde Chinesen Rad fahren, damit man in den reichen Ländern weiter in dicken Autos herumkutschieren kann?" Das ist längst vorbei. China ist inzwischen der größte Importeur von Rohöl weltweit und hat die USA überholt. Im Jahr 2013 importierte China 315 Millionen Tonnen, die USA nur 305. Der jährliche Verbrauch an Erd-

Öl lag in den vergangenen zehn Jahren bei ca. vier Milliarden Tonnen, im Jahr 2005 waren es 4,2 Milliarden Tonnen, im Jahr 2012 4,1 Milliarden Tonnen.

Die Bundesanstalt für Geowissenschaften und Rohstoffe unterscheidet bei den Vorräten zwischen Reserven, die mit den vorhandenen Anlagen gefördert werden können, und Ressourcen. Die Ressourcen können entweder mit bisherigen konventionellen Mitteln gefördert werden oder es sind neue Abbaumethoden notwendig. Es handelt sich um Ölvorkommen in Ölsanden und Bitumen, um Schwerstöl oder um Schieferöl. Die Reserven betragen 216 Milliarden Tonnen, hinzu kommen die Ressourcen von 331 Milliarden Tonnen. Bei gleichbleibendem Verbrauch würden die Vorräte für mehr als hundert Jahre ausreichen.

Die Ölvorräte der Erde sind regional sehr einseitig verteilt. Einige der Hauptverbraucherländer wie China, Japan und Europa haben keine nennenswerten Vorräte, dagegen liegen jeweils ein Viertel der Reserven im Nahen Osten und in Südamerika, je ein Zehntel in Afrika und den GUS-Staaten. Die USA können auf ihre eigenen Vorräte und daneben auf die Ressourcen ihres kanadischen Nachbarn vertrauen, zusammen kommen die beiden nordamerikanischen Staaten auf ein Viertel der Vorräte. Die Anteile sind aus Abb. 1.3 ersichtlich.

Die Förderung und Verteilung des Öls besorgen internationale Ölkonzerne. Die größten sind amerikanische Unternehmen wie Exxon, Chevron, Conoco Phillips, Texaco, Gulf, früher Atlantic Richfield. Sie sind hauptsächlich im Nahen Osten und in Südamerika tätig. In Saudi-Arabien und den Golfstaaten haben sie eine dominierende Stellung. Im Irak und in Iran waren schon früh auch die

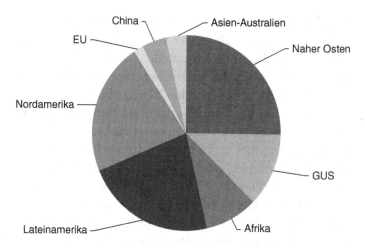

Abb. 1.3 Anteile der Weltvorräte an Erdöl

europäischen Kolonialmächte tätig, ihre Ölgesellschaften waren die holländische Royal Dutch Shell, die britische Anglo-Persian, die sich später British Petroleum und heute Beyond Petroleum nennt, die französische CFP, heute Total-FinaElf. Die italienische ENI fördert Öl in der ehemaligen italienischen Kolonie Libyen und transportiert es in einer Pipeline durch das Mittelmeer nach Triest. Die spanische Repsol YPF ist in Nordafrika und Südamerika tätig. Das einzige große europäische Land ohne eigene international tätige Ölfirma ist Deutschland. Den Markt in Deutschland teilen sich die BP, die außer ihren eigenen Tankstellen die von Castrol und die im Jahr 2002 zugekauften von Aral betreibt, und die anderen Mitglieder des Oligopols: Shell, Exxon, Chevron, Total und ENI.

In Asien hat sich Malaysia mit der Petronas eine eigene Ölbasis geschaffen. China betreibt mit seiner China National Petroleum Company (CNPC) eine aggressive Expansionspolitik. Überall auf der Welt, wo Öl gefördert werden kann, ist die CNPC zur Stelle. Dabei spielt es keine Rolle, ob die Regierenden Demokraten oder rechte oder linke Diktatoren sind. In Iran, Nigeria, Sudan, Kasachstan, Ecuador und Venezuela versucht sie Lieferverträge abzuschließen oder Förderkonzessionen zu kaufen. Zu den größten Lieferanten und Handelspartnern Chinas zählen derzeit Saudi-Arabien mit 17 Prozent, Iran mit 15 Prozent, Angola mit 15 Prozent, Nigeria und der Sudan mit kleineren Anteilen. China verfolgt auch seit Jahren den Plan, durch eine Pipeline von Sibirien nach Nordchina an die russische Förderung angeschlossen zu werden. Die Eastern Siberia-Pacific Ocean oil pipeline (ESPO) wurde 2012 eingeweiht. Mit ihr können Japan, China und Korea beliefert werden. China erhält seinen Anteil über eine Abzweigung nach Xinjiang. Russland hat also die Möglichkeit, sein Öl nach Asien anstatt nach Europa zu verkaufen.

Die Kosten für die bisherige konventionelle Förderung steigen; die in den letzten Jahren im Nahen Osten entdeckten Reserven liegen zum großen Teil in mehr als 2000 Meter Tiefe und sind entsprechend schwierig zu fördern. Alternativ liegen sie im arktischen Schelf der russischen Barentssee, von wo aus sie mühsam mit eisbrechenden Tankern nach Murmansk und dann weiter nach Westen transportiert werden müssen.

Dies führte zu einem Anstieg des Ölpreises von 30 Dollar pro Fass im Jahr 2003 auf 147 Dollar im Jahr 2008. Die globale Finanzkrise und die Furcht vor einem Einbruch der Konjunktur im Jahr 2008 ließen den Preis dann kurzzeitig bis auf 32 Dollar absinken. Durch die Erholung der

Weltwirtschaft stieg der Preis dann wieder auf ein stabiles Niveau von etwa 100 Dollar, auf dem er sich bis zum Jahr 2014 bewegte.

Die große Ölrevolution durch Fracking

Als Reaktion auf die unsichere Versorgungslage und den hohen Preis des Rohöls begannen amerikanische Ölbohrfirmen in den letzten zehn Jahren, neue Techniken der Förderung zu entwickeln, um bisher nicht abbaubare Reserven zu erschließen. Eine Möglichkeit bieten die u. a. im kanadischen Bundesstaat Alberta vorhandenen Ölsande, die in Russland, den USA und China vorhandenen Schieferöle oder das in Venezuela abbaubare Schwerstöl. Die Exploration solcher Vorkommen wird durch neue computergestützte geologische Verfahren sehr erleichtert. Innovative Methoden müssen verwendet werden, um diese Lagerstätten zu erschließen. Das dickflüssige Schwerstöl kann aus seinen Lagerstätten durch eingepressten heißen Dampf extrahiert werden, die Methode wird „Dampffluten" genannt. Die Gewinnung des Rohöls aus Ölschiefer oder Ölsanden erfordert dagegen eine komplett neue Technik.

In den USA kombinierten die Ingenieure eine neue Methode, das *hydraulic fracking*, mit der Möglichkeit, horizontal zu bohren. Dabei werden neben einer vertikalen Bohrung in großer Tiefe horizontale Bohrungen ausgebracht, in die Wasser, Sand und Chemikalien zur Auslösung des Öls mit hohem Druck eingepresst werden. Die ölhaltigen Gesteinsschichten werden auf diese Weise gelockert, und das Öl kann zum zentralen Bohrloch fließen. Diese Technik ermöglicht die Gewinnung einer riesigen Menge an Öl, die vorher nicht zugänglich war. Die Methode erlebt gerade in den USA einen enormen Aufschwung, die Ölindustrie erlebt ein goldenes Zeitalter der Innovation. Die USA wurden in wenigen Jahren zur Energie-Supermacht. Im Jahr 2013 überholten sie Saudi-Arabien mit einer Förderung von sieben Millionen Fass pro Tag, das sind 350 Millionen Tonnen pro Jahr. Für das Jahr 2015 prognostiziert die amtliche Energieagentur (EIA) eine weitere Steigerung auf 9,5 Millionen Fass pro Tag. Die Ölimporte der USA sinken dramatisch, im Jahr 2015 werden sie nur noch 20 Prozent des Verbrauchs ausmachen, gegenüber 65 Prozent im Jahr 2004. Sogar der Export von verarbeitetem Öl ist jetzt erlaubt, am 30. Juli 2014 lief ein Öltanker aus der texanischen Küstenstadt Galveston nach Südkorea aus. Zum ersten Mal seit 40 Jahren exportierten somit die USA Öl.

Durch den verminderten Importbedarf der USA sinkt bei gleichbleibendem Angebot der erdölproduzierenden Länder der Preis für Rohöl dramatisch, er betrug im Januar 2015 nur noch 50 Dollar pro Fass. Neben den geringeren Kosten für die Verbraucher bedeutet das auch einen Anreiz für Unternehmen mit hohem Energiebedarf, sich in den USA niederzulassen. Das Land erlebt eine Re-Industrialisierungswelle, auch deutsche Unternehmen planen oder bauen neue Niederlassungen und Produktionsstätten in den USA.

Die Förderung mit dem Fracking-Verfahren ist wirtschaftlich sinnvoll, wenn der Weltmarktpreis höher als 80 Dollar pro Fass ist, in besonders günstigen Fällen auch bei niedrigeren Werten.

Der niedrige Ölpreis, der die Folge der neuen Fördermenge in den USA ist, wirkt als schwere Bürde für andere Ölförderländer mit konventioneller Förderung: im Iran,

Bahrain, Venezuela, Irak, Libyen und Russland reichen die Einnahmen aus dem Ölexport zu diesem Preis nicht mehr aus, um den Staatshaushalt zu stabilisieren.

In Deutschland liegt die bisherige Fördermenge bei jährlich 2,6 Millionen Tonnen.

Nach den Forschungen der Bundesanstalt für Geowissenschaften und Rohstoffe (BGR) könnten aus den deutschen Schieferöllagern noch ca. 95 Millionen Tonnen Rohöl gefördert werden. Es ist den Umweltgruppen aber gelungen, die Angst vor den Tiefenbohrungen und dem Fracking medienwirksam in die Öffentlichkeit zu tragen. Der Präsident der BGR, Prof. Hans-Joachim Kümpel, kritisiert, dass oft „Halbwahrheiten und Übertreibungen" beim Thema „Fracking" vorherrschen und so auch die Politik zu wissenschaftlich nicht begründbaren Ergebnissen komme. „Häufig werden Gefahren heraufbeschworen, die gar keine sind. Beim Fracking gibt es weit verbreitete Ängste in der Bevölkerung, die aus geowissenschaftlicher Sicht größtenteils unbegründet sind", sagt Kümpel. Dabei geht es um die wissenschaftliche Frage, ob durch Fracking in tausend Meter Tiefe das Grundwasser in zehn Meter Tiefe gefährdet ist. Bei dem Entwurf eines Fracking-Gesetzes wurde die BGR, die zentrale geowissenschaftliche Beratungseinrichtung der Bundesregierung, nur unzureichend in das Gesetzgebungsverfahren eingebunden. Die Eckpunkte des deutschen Gesetzentwurfes sehen ein Verbot bis 2021 vor.

Wozu brauchen wir eine Behörde mit Hunderten von geologischen Experten, wenn die Politiker/innen bei einer wissenschaftlichen Frage die fachliche Stellungnahme ignorieren und stattdessen populistisch agieren? Wird es möglich sein, die Reserven an Erdöl in unserem Land zu erschließen, oder werden wir noch stärker als bisher von den Importen abhängig sein?

Betrachtet man den weltweiten Verbrauch an Erdöl, dann hat die Fracking-Methode jedenfalls dazu geführt, dass die insgesamt förderbaren Ressourcen den Bedarf mehr als hundert Jahre lang decken können.

1.4 Erdgas – Heizung und Strom

In der Neujahrsnacht 2006 schloss ein Techniker des russischen Erdgaslieferanten Gazprom in den Leitungen nach Westen, die den Namen „Bratstwo (Brüderlichkeit)" tragen, einige Ventile. Die in die Ukraine fließende Gasmenge wurde so um 120 Millionen Kubikmeter reduziert, die der vereinbarten jährlichen Liefermenge für den ukrainischen Eigenbedarf entsprachen. Die Durchleitung des Gases nach Westeuropa über die Ukraine sollte weitergehen. Die russische Staatsfirma hatte von der Ukraine einige Wochen vorher verlangt, statt des bisherigen Preises von 50 Dollar pro 1000 Kubikmeter jetzt den Weltmarktpreis von 230 Dollar zu bezahlen – denselben Preis, den Gazprom damals auch von den westeuropäischen Abnehmern verlangte. Die neue ukrainische Führung unter dem Präsidenten Juschtschenko musste nun erkennen, dass sie in Energiefragen völlig von Russland abhängig war, obwohl sie sich in der orangenen Revolution aus der Abhängigkeit von Russland zu lösen versucht hatte. Sie protestierte heftig und weigerte sich, den geforderten Preis zu zahlen. Seine Neujahrsansprache hatte der ukrainische Präsident noch mit den Worten beschlossen: „Möge das Jahr 2006 für alle Bürger unseres Staates ein glückliches werden. Möge es in unseren Häusern warm und behaglich sein…" Vier Stunden später unterbrach Russland die Gasversorgung der Ukraine.

Bei den folgenden Verhandlungen war der einzige Trumpf der ukrainischen Seite die Tatsache, dass die westeuropäischen Kunden des russischen Staatsbetriebes, darunter Deutschland, zum überwiegenden Teil über die Gasleitungen durch die Ukraine, die Slowakei, Tschechien und Ungarn beliefert werden. Die Reduzierung der Einspeisung aus Russland führte deshalb sofort zu einer Reduzierung der in Westeuropa ankommenden Gasmenge und machte diesen Staaten deutlich, wie stark auch sie auf russische Lieferungen angewiesen sind. Eine Besonderheit der ukrainischen Erdgaspolitik ist es, dass das Land sich seit 23 Jahren weigert, zur Messung des Gasdurchflusses in der Ukraine eigene Messstellen zu installieren. Die Ukraine hat offenbar kein Interesse daran, festzustellen, wie viel Gas aus Russland ankommt und wie viel davon nach Westeuropa weitergeleitet wird. Die EU hat der Ukraine bereits Geld für Messstellen überwiesen, ohne dass diese gebaut wurden. Die russischen Lieferanten und die westlichen Abnehmer können zwar die Gasmengen messen, doch über die Frage, wie viel von dem Gas in der Ukraine verblieben ist, kann manchmal keine Einigung erzielt werden. Daraus kann ein neuer Konflikt entstehen.

Deutschland bezog im Jahr 2006 ein Drittel seines Erdgasbedarfs aus Russland, heute sind es schon 40 Prozent. Als die russischen Techniker im Jahr 2006 die Ventile schlossen, sank am selben Neujahrstag die in Ungarn einströmende Menge bei dem Unternehmen MOL um 25 Prozent, bei dem österreichischen Versorger OMV nahm sie um 18 Prozent ab. Ganz Europa war beunruhigt, die österreichische Präsidentschaft der Europäischen Union und die EU-Kommission bemühten sich in diskreten Kontakten um eine Beilegung des Konflikts zwischen den streitenden Parteien.

Der Kompromiss, mit dem beide Seiten ihr Gesicht wahren konnten, bestand dann darin, das russische Gas für die Ukraine in Zukunft über einen Zwischenhändler zu liefern, die im Jahr 2004 gegründete Gesellschaft RosUkrEnergo. Diese im schweizerischen Zug registrierte Firma gehört zur Hälfte der russischen Gazprom, zur anderen der österreichischen Raiffeisenbank als Treuhänder. Sie handelt für ukrainische Investoren, die Oligarchen der Nomenklatura sind. Der Zwischenhändler vermischte das zum Weltmarktpreis von Gazprom gelieferte Gas mit der doppelten Menge an billigem Gas aus Usbekistan und gab es für 95 Dollar pro 1000 Kubikmeter an die Naftogas Ukrainy ab. Das Unternehmen Gazprom erhielt formal den Weltmarktpreis von 230 Dollar. Von den anderen Staaten der ehemaligen Sowjetunion verlangte es nur einen geringeren Preis, von Weißrussland 46,68 Dollar, von den Kaukasusrepubliken etwa 100 Dollar. Solche konkurrenzlos niedrigen Preise waren in der Sowjetunion üblich und trugen zum Zusammenhalt dieser Staatengemeinschaft bei. Allerdings führten sie auch zu gedankenloser Verschwendung von Wärmeenergie; so wurde – und wird noch heute – die Temperatur in Wohnräumen nicht über Thermostatventile geregelt, sondern durch Öffnen der Fenster. Ein Jahr später wiederholte sich das Drama: Weißrussland musste einer Verdopplung des Gaspreises durch Gazprom zustimmen.

Förderbare Reserven

Der Reichtum Russlands an Energiereserven wird besonders sichtbar beim Erdgas. Es besitzt zusammen mit den anderen GUS-Staaten ein Drittel der Weltreserven. Danach folgen der Iran mit 17,1 Prozent und Katar mit 12,8 Prozent. Diese drei Länder fördern auch die größten Gasmengen, Spitzenreiter sind allerdings die USA mit einer Förderung von 680 Milliarden Kubikmeter. Der Verbrauch pro Einwohner ist in den USA doppelt so hoch wie in Deutschland, das 90 Milliarden Kubikmeter pro Jahr benötigt. Das liegt zum großen Teil an der besseren Wärmedämmung der Häuser in Deutschland.

Die regionale Verteilung der Reserven ist aus Abb. 1.4 ersichtlich.

Als alternative Lieferanten außer Russland kommen für Deutschland nur die Golfstaaten Iran und Katar in Betracht. Zurzeit bezieht Deutschland etwa 40 Prozent seines

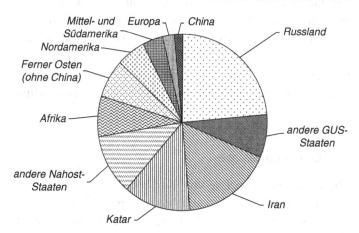

Abb. 1.4 Anteile der Weltreserven an Erdgas

Bedarfs aus Russland, ein Viertel aus Norwegen, 19 Prozent aus den Niederlanden und 12 Prozent aus dem eigenen Land. Die geringen europäischen Reserven in Holland, Norwegen und Deutschland werden allerdings in wenigen Jahrzehnten erschöpft sein. Erste Versorgungsengpässe stellten sich in dem kalten Winter 2006 in Großbritannien ein. Der Gasversorger National Grid warnte im März, Gasrationierungen für die Industrie seien nicht auszuschließen. Innerhalb einer Woche stieg der britische Gaspreis am Markt auf den dreifachen Wert. Dies lag vermutlich auch daran, dass das Land nur geringe Reserven in Höhe von vier Prozent des Jahresbedarfs in Speichern bereithält.

Das grundlegende Problem bleiben die geringen Reserven in Europa. Nach den Prognosen des Bundeswirtschaftsministeriums wird die europäische Union der 25 Länder im Jahr 2030 85 Prozent ihres Gasbedarfs einführen müssen. Von diesem Zeitpunkt an hängt Europa noch stärker als bisher von den Liefermengen aus Russland ab. Vor zehn Jahren kamen noch 80 Prozent des russischen Gases durch die Bratstwo-Linie über die Ukraine ins bayerische Waidhaus und 20 Prozent über Weißrussland. Um von diesen Pipelines unabhängiger zu werden, förderte die Bundesregierung unter Kanzler Schröder den Bau einer zusätzlichen Pipeline durch die Ostsee.

Die Ostseepipeline

Die neue Ostseepipeline von Karelien direkt nach Greifswald hat für Deutschland und Westeuropa die Versorgungssicherheit verbessert. Allerdings reicht deren Kapazität nicht aus, um den gesamten Transport zu übernehmen. Durch diese Pipeline können seit dem Jahr 2010 jährlich 27 Milliarden Kubikmeter sibirisches Erdgas nach Deutschland fließen. Ein zweiter Strang, der im Oktober 2012 in Betrieb genommen wurde, erhöht die Kapazität auf 55 Milliarden Kubikmeter. Die Pipelines sind noch nicht voll ausgelastet. Sie wurden von dem Unternehmen NEGP, das im Schweizer Kanton Zug registriert ist, gebaut und betrieben. An der NEGP sind die Gazprom, BASF und Eon sowie die holländische Gasunie beteiligt. In Westeuropa wird niemand an dem russischen Lieferanten vorbeikommen, und auch von den osteuropäischen Transitländern werden wir immer abhängig bleiben. Das Netz der europäischen Erdgaspipelines ist in Abb. 1.5 dargestellt.

Russland plante eine weitere Pipeline mit einer Kapazität von 63 Milliarden Kubikmeter pro Jahr. Sie sollte durch

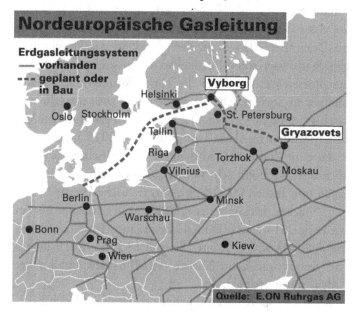

Abb. 1.5 Netz der europäischen Erdgaspipelines

das Schwarze Meer über Bulgarien, Ungarn und Slowenien nach Triest in Italien und nach Wien führen. Die South Stream AG wurde 2008 von Gazprom und der italienischen ENI zu gleichen Teilen im schweizerischen Kanton Zug gegründet. Auch Bulgarien, Ungarn und Österreich schlossen sich dem Konsortium an, in der Hoffnung, in der Erdgasversorgung unabhängig von der Durchleitung durch die Ukraine zu werden. Die Bauarbeiten begannen im Dezember 2012 an der russischen Schwarzmeerküste. Das konkurrierende europäische Projekt Nabucco, das aus machtpolitischen Gründen von den USA unterstützt wurde, musste aufgegeben werden.

Allerdings erhob die EU-Kommission gegen das russisch-italienische Projekt *South Stream* bürokratische Einwände. Sie wollte das Projekt verhindern und übte Druck auf das EU-Mitglied Bulgarien aus. Diese Strategie führte im Dezember 2014 dazu, dass Russland das Projekt aufgab. Stattdessen soll die Türkei an das russische Gasnetz angeschlossen werden. Über die Türkei können dann später die Balkan-Staaten beliefert werden, und zwar über die türkisch-griechische Grenze. Das wurde dem griechischen Ministerpräsidenten Alexis Tsipras im April 2015 angeboten.

Zu dem Zeitpunkt, zu dem die europäischen Reserven an Erdgas erschöpft sein werden, werden sich auch China, Japan und Indien verstärkt um das russische Erdgas bemühen. Für den Transport aus Yakutien nach China und Japan wird seit 2014 eine 4000 Kilometer lange Pipeline gebaut, die *Power-of-Siberia*-Röhre. Sie soll im Jahre 2019 in Betrieb gehen und dann jährlich 61 Milliarden Kubikmeter Erdgas transportieren.

Beim Transport durch Pipelines entweichen durch Leckverluste etwa zwei bis vier Prozent des Gases in die Atmosphäre. Allein die Gazprom muss jährlich 6 Milliarden Dollar in die Modernisierung der zum Teil maroden Pipelines investieren.

Erdgas besteht zu 75 Prozent aus Methan (CH_4), zu acht Prozent aus höheren Kohlenwasserstoffen, zu sechs Prozent aus Kohlendioxid, zu sechs Prozent aus Stickstoff und zu fünf Prozent aus Schwefelwasserstoff. Bei der Verbrennung wird Kohlendioxid freigesetzt, und zwar 200 Gramm CO_2 für einen Brennwert von einer Kilowattstunde, entsprechend 400 Gramm CO_2 für die Erzeugung einer Kilowattstunde elektrischer Energie in den effizientesten Kraftwerken. Dieser Wert ist umweltfreundlicher als derjenige bei der Verfeuerung von Steinkohle, bei der pro erzeugte Kilowattstunde 810 Gramm CO_2 frei werden. Am ungünstigsten ist die Verbrennung der Braunkohle mit 1080 Gramm CO_2 pro Kilowattstunde.

Der Hauptbestandteil des Erdgases ist das leichtflüchtige Methan. Es wird bei minus 160 Grad Celsius flüssig. Da Methan ein 20-mal wirksameres Treibhausgas als Kohlendioxid ist, tragen die Leckverluste beim Transport von Methan durch Pipelines zu etwa zehn Prozent zum anthropogenen Treibhauseffekt bei. Weil Methan in die Atmosphäre entweicht, werden die Vorteile des Erdgases bei der Stromerzeugung wieder teilweise relativiert.

Flüssiges Erdgas

Wenn der Transport durch Pipelines nicht möglich ist, kann das Erdgas abgekühlt und verflüssigt werden. Eine solche Verflüssigungsanlage für das norwegische Erdgas hat das deutsche Unternehmen Linde zum Preis von 800 Millionen Euro am Nordkap in Hammerfest installiert. Diese größte europäische Verflüssigungsanlage wurde im Sommer 2005 mit dem Schiff nach Hammerfest transportiert. Sie verflüssigt seit 2007 Erdgas aus der Barentssee, das über 145 Kilometer zum Festland gepumpt wird. Das flüssige Erdgas wird dann von der Firma Statoil per Schiff in die Vereinigten Staaten oder nach Südeuropa gebracht. Die verschiffte Menge kann jährlich bis zu sechs Milliarden Kubikmeter Gas erreichen. Das ist das 60-Fache des gegenwärtigen deutschen Verbrauchs. Diese Versandart ist zwar um 50 Prozent teurer als diejenige über eine kurze Pipeline, doch für den Transport zwischen entfernten Kontinenten die einzig mögliche.

Für die Vereinigten Staaten, die nur vier Prozent der mit konventionellen Methoden förderbaren Erdgasreserven der Welt besitzen, aber ein Fünftel der Weltförderung beanspruchen und damit der größte Verbraucher sind, begann die Versorgung mit Erdgas im Winter 2006 kritisch zu werden. Trotz einer intensiven Prospektion und Bohrungen im ganzen Land erreichte die geförderte Menge nicht mehr die früheren Werte. Es wurde deshalb zunehmend Gas aus Kanada importiert. Doch auch dieses riesige, dünn bevölkerte Land hatte Probleme, mehr zu liefern. Deshalb kauften die US-Importeure Flüssiggas aus Norwegen, Russland und dem Nahen Osten und transportierten es mit Schiffen in die Vereinigten Staaten. Ähnlich wie in Hammerfest in Norwegen wurden im Golfstaat Katar riesige Verflüssigungsanlagen am Hafen von Ras Leflan installiert. Es gibt inzwischen einige Hundert speziell für diesen Transport gebaute Gastanker.

Das Gas, das mit dem Erdöl zusammen unter hohem Druck in der Tiefe liegt, wurde in der Golfregion früher an der Oberfläche abgefackelt, um die Erdölförderung zu erleichtern. Wenn man 1980 auf dem Weg nach Asien zum Tanken einen Zwischenstopp auf dem Flughafen in Bahrain machte, sah man beim Landen die ganze Gegend von riesigen Fackeln erleuchtet. Heute wird in den Golfstaaten versucht, dieses Erdgas, das mehr als ein Drittel der Weltvorräte bildet, zu verflüssigen. Der Prozess der Verflüssigung erfordert eine Abkühlung auf minus 160 Grad Celsius und die Speicherung der Flüssigkeit in Druckbehältern. Für Japans Gasversorgung ist die Lieferung dieses flüssigen Erdgases oder *Liquid Natural Gas* (LNG) aus dem Nahen Osten jetzt ebenso wichtig wie der unverminderte Fluss des Erdöls aus dieser Region. Deutschland hat die seit 40 Jahren bestehenden Pläne, in Wilhelmshaven ein Terminal für Flüssiggas zu bauen, nicht verwirklicht. Das nächste Terminal liegt in Rotterdam, 100 Kilometer von der deutschen Grenze entfernt.

Der Fracking-Boom in den USA

Durch die Technik der horizontalen Tiefenbohrung, die „hydraulische Aufschließung" oder „Fracking", hat nicht nur die Ölgewinnung, sondern auch die Förderung von Erdgas aus tiefliegenden Schiefergasschichten in den USA und Kanada einen enormen Aufschwung erlebt. Dabei wird ein Gemisch aus Wasser, Sand und Chemikalien in das Gestein eingepresst. So wird das Erdgas aus dem Schiefer befreit und kann an die Oberfläche gebracht werden. Die Technik wurde auch in Deutschland seit 1961 schon 300-mal verwendet, aber erst die Erfolge in den USA haben das Verfahren neu belebt. Inzwischen basiert ein Drittel der Erdgasproduktion weltweit auf Fracking. Die USA werden durch diese Förderung weitgehend unabhängig von Importen, sie fördern jetzt 95 Prozent ihres Verbrauchs selbst. Durch den verminderten Import der USA sind die Erdgaspreise weltweit gesunken, in den USA zahlt man mit 1,4 US-Cent pro Kilowattstunde Wärmeenergie weniger als die Hälfte des Preises, den europäische Abnehmer an Russland zu zahlen haben. Der Preis für deutsche Vertragspartner von Gazprom beträgt etwa 370 Dollar pro tausend Kubikmeter, entsprechend drei Eurocent pro Kilowattstunde Wärmeenergie. Der Endverbraucher bezahlt dann etwa fünf Eurocent pro Kilowattstunde. Der günstige Gaspreis in den USA hat industriepolitische Folgen: Unternehmen mit hohem Energiebedarf wie die Chemie, die Siliziumoder Kupferhersteller oder die Kunststoffproduzenten investieren zunehmend in den USA. Aus Deutschland sind das die Chemiekonzerne Bayer und BASF, der Siliziumhersteller Wacker Chemie aus Burghausen und viele andere.

In Deutschland dagegen überwiegen die Bedenken nicht nur gegen Ölförderung, sondern auch gegen Gasgewinnung durch Fracking. Die Unternehmen haben zwar die Frackflüssigkeit so weiterentwickelt, dass nur noch 0,2 Prozent der Flüssigkeit aus chemischen Substanzen bestehen, die zudem biologisch abbaubar und daher nicht umweltgefährlich sind. Der Präsident der Bundesanstalt für Geowissenschaften und Rohstoffe spricht sich für Probebohrungen aus, weil die heimische Erdgasförderung jährlich zurückgeht und weil die Bedenken in der Bevölkerung aus geowissenschaftlicher Sicht größtenteils unbegründet sind. Trotzdem will die Umweltministerin in einem Gesetzentwurf auch diese Bohrungen weitgehend verbieten.

Betrachtet man die vorhandenen und förderbaren Reserven, die in Abb. 1.4 dargestellt sind, dann tritt die überragende Bedeutung der beiden großen Förderregionen, Russland und Naher Osten, hervor. Europa wird nach Erschöpfung seiner Reserven von Russland abhängen. Besonders betroffen ist Deutschland, weil seine Energiekonzerne durch die Energiewende teilweise enteignet wurden und finanziell angeschlagen sind. So muss RWE, das sich überwiegend im Besitz der rheinisch-westfälischen Gemeinden und Städte befindet, seine Tochter DEA, die als einziges deutsches Unternehmen Öl und Gas fördert, verkaufen. Als Käufer tritt die Firma des russischen Oligarchen Michail Fridman auf. Die Bundesregierung hat dem Verkauf zugestimmt, wodurch unsere Abhängigkeit von Russland mitten in der Ukraine-Krise noch größer wird. Die Vereinigten Staaten werden durch das Fracking zunehmend autark. Russland beliefert über die *Power-of-Siberia*-Pipeline ab 2019 auch China und Japan, kann also europäische und asiatische Abnehmer gegeneinander ausspielen.

Zukünftige Versorgung mit Erdgas

Die zukünftige Entwicklung auf dem Erdgasmarkt wird von der Bundesanstalt für Geowissenschaften und Rohstoffe in ihrer Energiestudie 2013 sehr positiv gesehen. Sie schreibt: „Die Verfügbarkeit von Erdgas zur Energiegewinnung wird in den kommenden Jahrzehnten auch bei steigendem Bedarf nicht durch die Vorratslage limitiert sein. Darüber hinaus haben die Erfolge bei der Erschließung nicht-konventioneller Erdgasvorkommen, vor allem in den USA, die weltweite Angebotssituation verbessert. Durch den Ausbau ihrer Schiefergasförderung haben die USA ihre Erdgasimporte in den letzten Jahren um fast ein Drittel reduziert und könnten in absehbarer Zeit sogar zum Exporteur werden… Damit befindet sich der europäische Erdgasmarkt in einer vergleichsweise komfortablen Position."

Nimmt man die gegenwärtig schon erschlossenen Reserven an Erdgas, dann würden diese bei gleichbleibendem Verbrauch für 60 Jahre ausreichen. Wenn man noch die neu zu erschließenden Ressourcen hinzunimmt, die teilweise erst mit den neuen Methoden förderbar geworden sind, dann ist die Versorgung für mehr als 200 Jahre gesichert.

Methanhydrat?

Außer den Ressourcen an gespeichertem Erdgas gibt es am Meeresgrund einen weiteren Vorrat in Form von Methanhydrat. Könnte dieses weißliche „brennbare Eis" für einige Zeit Ersatz als Brennstoff bieten? Forschungsschiffe wie die „Sonne" des Geomar-Instituts in Kiel haben auf dem Meeresgrund große Mengen dieses Stoffes entdeckt. Im Meer bildet sich Methangas, wenn Bakterien abgestorbene Pflanzen und Tierkadaver unter Sauerstoffabschluss zersetzen. Es perlt normalerweise in Blasen an die Meeresoberfläche. Auf submarinen Kontinentalhängen, wo ein flaches Schelfmeer in die Tiefsee übergeht, herrscht in 500 bis 1000 Meter Tiefe ein Druck von 50 bis 100 Bar, der 50- bis 100-fache Atmosphärendruck. Bei diesem Druck und einer Temperatur von vier Grad Celsius kann sich aus Methan und Wasser das feste Methanhydrat bilden. Unter diesen Bedingungen ist das Methanhydrat stabil.

Holt man es jedoch vom Meeresgrund, so beginnt es bei einer Tiefe von 500 Metern und einem Druck von 50 Bar flüssig und bei noch geringerem Druck und höherer Temperatur gasförmig zu werden. Aufsteigendes Methanhydrat zerfällt in Minuten und setzt explosionsartig Methangas frei, das sich auf das 164-fache Volumen des Methanhydrats ausdehnt. Ein Volumen von einem Kubikmeter flüssiges Methanhydrat verwandelt sich dann in eine riesige Gasblase von 164 Kubikmetern und steigt zur Oberfläche auf. Es wird vermutet, dass solche Gasblasen für den plötzlichen Untergang von Schiffen im Bermuda-Dreieck verantwortlich sein könnten.

Frank Schätzing hat in seinem fantasievollen Roman „Der Schwarm" eine ganze Zivilisation von einzelligen Lebewesen erfunden, die sich auf die Energie des Methanhydrats am Meeresgrund aufbaut. In der Realität ist es im Augenblick unklar, wie dieser Energieträger aus großer Tiefe gefördert werden kann, ohne eine gigantische Katastrophe zu verursachen. Wenn bei der Förderung des Hydrats das Methan in die Atmosphäre gelangt, anstatt verbrannt zu werden, dann trägt eine Tonne Methan 20- bis 30-mal mehr zum Treibhauseffekt bei als die entsprechende Menge des Verbrennungsprodukts Kohlendioxid. Es wird vermutet, dass der beobachtete plötzliche Anstieg der Temperatur vor 55 Millionen Jahren durch solch einen Methanausbruch aus dem Meer verursacht war.

Für die heutige Nutzung ist nicht klar, ob die für die Förderung aufzuwendende Energie den Brennwert des Methans kompensiert. Die benötigte Fördermenge wäre riesig. Allein der deutsche Bedarf mit 100 Milliarden Kubikmeter Methan pro Jahr entspricht 540.000 Tonnen Methanhydrat, die im Jahr aus großer Wassertiefe unter Luftabschluss zu fördern wären. Im Augenblick gehört solch eine Vorstellung ins Reich der Science Fiction.

Erdgas für Kraftwerke?

Erdgas wird wegen seiner leichten Verteilbarkeit vorwiegend zur Gebäudeheizung verwendet. Daneben gibt es Bedarf in der Industrie und in Kraftwerken. Zurzeit kommen in Deutschland zehn Prozent der elektrischen Energie aus gasbefeuerten Kraftwerken. Während die rund um die Uhr benötigte Mindestversorgung an elektrischer Energie von Braunkohle- und – bis zum Jahre 2021 – von Kernkraftwerken geliefert wird, können für den Spitzenbedarf Gaskraftwerke in Betrieb genommen und wieder abgeschaltet werden. Diese kurzzeitig einsetzbare Leistung von Gaskraftwerken wird besonders dann benötigt, wenn der Anteil der zeitlich fluktuierenden Stromquellen Sonne und Wind abnimmt. Bei der Sonne ist berechenbar, wann sie untergeht, beim Wind jedoch ist schwer vorhersehbar, wann er aussetzt, und dann müssen schnell einsetzbare Gasturbinen die Last übernehmen. Bei der gegenwärtigen gesetzlichen Regelung durch das EEG kommen Gaskraftwerke erst dann zum Einsatz, wenn weder Wind noch Sonne Strom erzeugen. Deshalb sind Gaskraftwerke nicht rentabel zu betreiben, denn sie werden zurzeit nur weniger als 500 Stunden im Jahr eingesetzt. Die Schwelle der Rentabilität liegt aber bei etwa 2500 Betriebsstunden im Jahr, weil das Gas relativ zur Kohle teurer ist und weil die Fixkosten, z. B. das Personal, für den Betrieb das ganze Jahr über anfallen. Die leistungsfähigsten und weltweit effizientesten Gaskraftwerke im bayerischen Irsching wollten die Betreiber deshalb stilllegen. Nur durch eine weitere staatliche Subvention können sie in Bereitschaft bleiben, weil sie für die Versorgung in Wind- und sonnenlosen Zeiten benötigt werden. Die Kosten trägt der Verbraucher.

Auch für die ständig verfügbare Grundlast erscheint es wenig sinnvoll, diesen vielseitig verwendbaren und leicht zu verteilenden Brennstoff in großen Kraftwerken zu verheizen. Der Ausstoß an Kohlendioxid pro erzeugte Energieeinheit ist bei Gaskraftwerken zwar günstiger als bei Kohlekraftwerken, aber der Preis des Erdgases verhindert den Einsatz für die Grundlast.

Die zuverlässige Versorgung mit elektrischer Energie ist für unsere Gesellschaft lebenswichtig, Strom ist die Lebensader der modernen Zivilisation. Und der Bedarf steigt an. Die Umwandlung von Wärme in diese edelste Energieform wird das Thema von Abschn. 1.6 sein.[2]

1.5 Kohle – Energie des 21. Jahrhunderts

Kohle ist der wichtigste Energieträger zur Stromversorgung. Weltweit werden 40 Prozent der elektrischen Energie durch Kohleverbrennung erzeugt. In manchen Ländern wie China und Polen trägt die Kohle sogar mehr als 80 Prozent zur Stromproduktion bei, in Deutschland beinahe die Hälfte.

Steinkohle

Steinkohle aus deutschen Kohlegruben ist teuer. Die Flöze im Ruhrgebiet liegen in 1000 Metern Tiefe, und die Kohle ist schwefelreich. Aus sozialen und politischen Gründen wurden die Arbeitsplätze der Bergleute in Nordrhein-Westfalen vom Land und Bund subventioniert, damit die deutsche Kohle dasselbe „kostet" wie die US-amerikanische oder australische, die wegen des dort möglichen Tagebaus billig und aus geologischen Gründen schwefelarm ist. Der Bund, das Land NRW und die Energiekonzerne schlossen im Jahr

---

[2] Zahlenmaterial findet man bei der Bundesanstalt für Geowissenschaften und Rohstoffe, www.bgr.bund.de.

1980 den „Jahrhundertvertrag" über die Verstromung der Ruhrkohle, d. h. Bund und Land gaben eine Garantie für die Mindestabnahme von Steinkohle in den Elektrizitätswerken. Die vereinbarte Menge betrug 41 Millionen Tonnen im Jahr 1996 und abnehmende Mengen in den Folgejahren. Im Jahr 2002 lag sie noch bei 26 Millionen Tonnen, die von 44.000 Beschäftigten gefördert wurden. Die Subvention betrug 3,56 Milliarden Euro oder Euro 80.000 pro beschäftigte Person. Sie nimmt jährlich ab und wird im Jahr 2018 beendet werden.

Während die deutsche Steinkohleförderung auslaufen wird, übernimmt der Import von Steinkohle die Versorgung der Stahlindustrie und der Elektrizitätswerke. Im Jahr 2012 wurde der Bedarf von 56 Millionen Tonnen zu 80 Prozent durch Import gedeckt, hauptsächlich aus Australien, Südafrika und den USA. Nur noch ein Fünftel des Verbrauchs wurde im eigenen Land gefördert.

Der Verbrauch in Deutschland ist ein winziger Anteil – weniger als ein Prozent – des Weltverbrauchs von 6860 Millionen Tonnen. Mehr als die Hälfte davon wird in China verfeuert.

Die Risiken der Kohletechnologie liegen einerseits in der Gefährdung der Bergleute. Allein in China zählt man ca. 6000 Todesfälle pro Jahr durch Unfälle in den Kohlegruben. Der Ausstoß von chemischen Schadstoffen und Staub der Kohlekraftwerke kann durch geeignete Filter vermieden werden. Bei der Verbrennung der Kohle in Kraftwerken entstehen etwa 800 Gramm Kohlendioxid für jede Kilowattstunde der erzeugten elektrischen Energie.

In der regionalen Verteilung der Steinkohlereserven liegen die USA vor China, Russland, Indien und Australien.

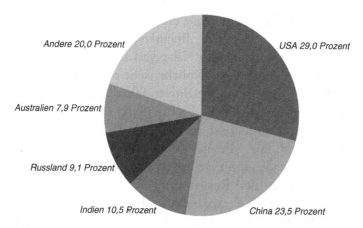

Abb. 1.6 Regionale Verteilung der größten Steinkohlereserven 2012

Die unmittelbar abbaubaren Reserven reichen bei gleich-bleibendem Verbrauch für mehr als 130 Jahre aus, um den Bedarf zu decken. Nimmt man noch die mit größerem Aufwand zu erschließenden Ressourcen hinzu, dann decken sie den Bedarf noch mehrere Hundert Jahre (Abb. 1.6).

Braunkohle

Braunkohle wird in Deutschland in drei großen Revieren gewonnen: in der Gegend von Aachen/Jülich, im Mitteldeutschen Revier in Sachsen-Anhalt und in der Lausitz. Sie wird im Tagebau in riesigen Gruben wie dem Hambacher Forst oder in Nochten mit Schaufelradbaggern abgebaut. Die Sohle der Gruben reicht auf eine Tiefe von 200 Metern hinab. Braunkohle hat einen geringeren Heizwert als Steinkohle, sie enthält viel Wasser, Sand und Schwefel. Um eine Tonne Kohle zu fördern, müssen etwa fünf Tonnen

Gestein abgebaut werden. Da die Abbautechnik mit wenig Personal auskommt, ist die Braunkohle billig. Sie wird in riesigen Kraftwerken in der Nähe der Lagerstätten verheizt. Die Kraftwerke erzeugen typischerweise eine Leistung von 3000 Megawatt Strom in mehreren Einzelblöcken von 300 bis 600 Megawatt für die Bereitstellung der sogenannten Grundlast. Deutschland ist mit 185 Millionen Tonnen jährlich der mit Abstand größte Braunkohleproduzent und Braunkohlenutzer weltweit vor China mit 145 Millionen Tonnen und Russland mit 80 Millionen Tonnen. Braunkohle ist die einzige bedeutende heimische Ressource an Rohstoffen. Die in Deutschland in den erschlossenen Tagebauen abbaubaren Vorräte reichen für mehr als 200 Jahre, um den Bedarf zu decken. Mit erweiterten Abbaumethoden kann die Braunkohle sogar für mehr als 400 Jahre genutzt werden. Der Tagebau Garzweiler 2 in NRW wurde 1995 von der Landesregierung genehmigt, und auch der Tagebau in Brandenburg geht trotz Widerständen weiter.

Auch weltweit decken die gegenwärtig erschlossenen Mengen weit mehr als 300 Jahre des Bedarfs.

Bei der Verfeuerung von Braunkohle entsteht ebenso wie bei der von Steinkohle Kohlendioxid. Der Ausstoß von Kohlendioxid ist höher als bei der Verbrennung von Steinkohle. Einerseits ist der Brennwert der Braunkohle geringer und andererseits der Wirkungsgrad der Braunkohlekraftwerke mit 43 Prozent niedriger als der von Steinkohlekraftwerken. Neueste Steinkohleanlagen erreichen mehr als 50 Prozent, Erdgaskraftwerke bis zu 62 Prozent. Dagegen emittieren Wind-, Wasser-, Sonnen- und Kernkraftwerke kein Kohlendioxid.

Wie Kraftwerke mit fossilen Brennstoffen funktionieren, soll in den nächsten Unterkapiteln behandelt werden.[3]

1.6 Wie Kraftwerke aus Wärme Strom machen

Die Verbrennung von fossilen Brennstoffen erzeugt zunächst Wärme, die aus der chemischen Umwandlung von Kohle und Kohlenwasserstoffen zu Kohlendioxid stammt. Damit können wir eine Höhle wärmen und Jagdbeute braten, später in der Menschheitsgeschichte Wohnungen und Häuser heizen, Duschwasser erwärmen und chemische Prozesse beschleunigen. Allerdings ist Wärme nur lokal verfügbar, beim Transport geht ein großer Teil an die Umgebung verloren. Wärme können wir auch erzeugen, indem wir joggen, Sport treiben oder auf andere Weise mechanische Arbeit leisten.

Der deutsche Apotheker und Arzt Robert Mayer zeigte 1837, dass bei dieser Umwandlung von mechanischer Arbeit in Wärme die vollständige Umsetzung möglich ist und die Summe von mechanischer Energie und Wärmeenergie erhalten bleibt. Er schrieb 1842: „Fallkraft (heutiger Begriff: potenzielle Energie), Bewegung (kinetische Energie), Wärme, Licht und Elektrizität sind ein- und dasselbe Objekt in verschiedenen Erscheinungsformen." Dieses Objekt nennen wir heute „Energie" in all ihren Formen. Den klassischen Satz von der Energieerhaltung formulierte 1848 Hermann von Helmholtz in Berlin als grundlegendes und allumfassendes Prinzip.

---

[3] Zahlenmaterial findet man bei der Bundesanstalt für Geowissenschaften und Rohstoffe, www.bgr.bund.de.

Schon vorher hatte der französische Ingenieur und Physiker Sadi Carnot in seinem Werk *Réflexions sur la puissance motrice du feu* (Überlegungen zur motorischen Kraft des Feuers) im Jahr 1824 den umgekehrten Prozess studiert und überlegt, wie man Maschinen bauen könnte, mit denen Wärme in Arbeit umgewandelt wird. Dieser Prozess wurde später von James Watt mit der Dampfmaschine realisiert. Er bildet auch die Grundlage unserer Stromerzeugung.

Mit 28 Jahren schrieb Carnot seine „*Réflexions*", in denen er die Gesetze der Thermodynamik aufdeckte. Eine seiner Erkenntnisse lautet: „*On peut donc poser en thèse générale que la puissance motrice est en quantité invariable dans la Nature, qu'elle est jamais ni produite, ni détruite*" (Man kann deshalb die allgemeine Behauptung aufstellen: Energie ist in ihrer Quantität unveränderlich erhalten in der Natur; sie kann nicht erzeugt und nicht vernichtet werden). Diese Erkenntnis hat sich erst langsam durchgesetzt. Sie bedeutet auch, dass es keine Maschine geben kann, die ohne Energiezufuhr periodisch läuft, also kein „Perpetuum mobile erster Art". Trotzdem hat es immer wieder Erfinder gegeben, die glaubten, eine solche Maschine bauen zu können. Die Patentämter nehmen allerdings inzwischen keine derartigen Patentanmeldungen mehr an.

Die zweite, erstaunlich weitsichtige Erkenntnis Sadi Carnots bezog sich auf die Umwandlung von Wärme in Bewegungsenergie oder mechanische Energie, auf der wiederum alle unsere Kraftwerke zur Erzeugung elektrischer Energie beruhen. Alle Dampfmaschinen und Dampfturbinen verwenden einen Kreisprozess, bei dem Gas durch eine Wärmequelle auf eine hohe Temperatur T_1 aufgeheizt wird. Der Prozess verläuft dann in vier Stufen: Bei gleicher Temperatur expandiert zunächst das Gas, gleichzeitig wird die der Wärmequelle entzogene Wärme in mechanische Arbeit umgewandelt. Sodann wird das Gas ohne Wärme-austausch mit der Umgebung weiter expandiert, wobei die Gastemperatur auf den Wert T_2 sinkt. Dieses T_2-kalte Gas wird dann an ein ebenso kaltes Reservoir angeschlossen und bei dessen Temperatur komprimiert und gibt Wärme an das kalte Reservoir ab. Der letzte Schritt im Kreisprozess ist die Kompression ohne Wärmeaustausch mit der Umgebung und die sich daraus ergebende Erhitzung, bis die ursprüng-liche Temperatur T_1 wieder erreicht ist. Dieser Prozess wird „Carnot'scher Kreisprozess" genannt.

Carnots fundamentale Erkenntnis beruhte darauf, dass die Umwandlung von Wärme in mechanische Arbeit nie vollständig ist, weil die Restwärme an das kalte Reservoir, z. B. einen Fluss, abgegeben werden muss. Der Wirkungs-grad, also das Verhältnis der gewonnenen Arbeit zu der vom heißen Reservoir abgegebenen Wärmemenge, hängt nur von den beiden Temperaturen der heißen (T_1) und kalten (T_2) Reservoirs ab, nicht jedoch von dem verwendeten Gas. Der Wirkungsgrad ist umso höher, je höher die Temperatur des heißen Speichers und je tiefer die Temperatur des kalten Speichers ist. Wenn beide Wärmespeicher, Wärmequelle und Kühlbad, dieselbe Temperatur haben, das gesamte Sys-tem sich also im thermischen Gleichgewicht befindet, ist keine Gewinnung mechanischer Energie aus Wärme mög-lich; und zwar auch dann nicht, wenn zwar eine Wärme-quelle, aber kein Kühlbad vorhanden ist.

Diese Aussage ist der Kerngehalt des Zweiten Hauptsat-zes der Thermodynamik. Eine Maschine, von der behauptet wird, dass sie entgegen diesen Aussagen Wärme in mecha-nische Leistung umwandelt oder einen größeren Wirkungs-grad als den von Carnot beschriebenen hat, nennt man ein

„Perpetuum mobile zweiter Art". Solch ein Perpetuum mobile könnte etwa das Wasserreservoir des Meeres abkühlen und dafür ein anderes Wärmereservoir aufheizen, ohne den Erhaltungssatz der Energie zu verletzen. Leider ist dies nicht realisierbar, und auch für solche Erfindungen werden keine Patente vergeben. Der Vorgang des Wärmeausgleichs zwischen heißen und kalten Objekten ist unumkehrbar oder „irreversibel": Wenn ich kochendes Wasser mit kaltem Wasser vermische, hat das Gemisch eine mittlere Temperatur. Daraus kann ich nicht wieder kochendes und kaltes Wasser abtrennen.

Carnot erkannte, dass es das Temperaturgefälle ist, das die Wärmekraftmaschine antreibt, und bestimmte ihren maximalen Wirkungsgrad allein in Abhängigkeit von den beiden Temperaturen. Für den Kraftwerksbauer bedeutet dies, dass er, um höchste Wirkungsgrade zu erreichen, die obere Arbeitstemperatur des Wasserdampfes möglichst hoch wählen muss; dies bedingt auch hohe Drucke und große Materialbelastung. Trotzdem ist es in den letzten Jahrzehnten gelungen, die obere Arbeitstemperatur auf 600 Grad Celsius bei einem Druck von 270 Bar, d. h. dem 270-Fachen des Atmosphärendrucks, zu erhöhen. Es gibt Versuche, Kraftwerke mit Helium anstatt mit Wasserdampf zu bauen, um damit eine obere Temperatur von 1100 Grad Celsius zu erreichen. Allerdings kann die Temperatur des kalten Reservoirs nicht tiefer sein als die des zur Kühlung verwendeten Flusses oder der Luft in den gigantischen Kühltürmen, die das Bild vieler Kraftwerke bestimmen. Carnot hätte nie an solche riesigen Anlagen gedacht.

1.7 Kraftwerke mit fossilen Brennstoffen

Elektrischer Strom wird zu allen Tag- und Nachtzeiten benötigt.

Der Bedarf schwankt allerdings durch die unterschiedlichen Anforderungen der Industrie und der Haushalte. Bei Nacht, wenn viele Maschinen stillstehen und die Büros geschlossen sind, wird der Strom nur gebraucht, um den 24-stündigen Betrieb der in drei Schichten produzierenden Anlagen, etwa bei Unternehmen der Grundstoffindustrie, der Autobauer oder der Chemieindustrie, aufrechtzuerhalten. Die Last steigt sprunghaft an, wenn morgens die Straßenbahnen und Züge anfahren und die Arbeit in Büros und Dienstleistungsbetrieben beginnt. Plötzlicher Bedarf entsteht auch durch das millionenfache Einschalten von Elektroherden und Fernsehgeräten am Abend. In Europa erreicht die Belastung des Stromnetzes ihre höchsten Werte zum Winteranfang im Dezember, wenn elektrische Heizöfen und Backöfen eingeschaltet werden. Deshalb erlebte Frankreich seine Stromausfälle um diese Jahreszeit. In Deutschland liegen die kritischen Zeiten, in denen Versorgungsengpässe drohen, in der Regel im Februar. In den USA hingegen fanden die Blackouts meist im August statt, wenn bei großer Hitze die Klimageräte in allen Haushalten auf voller Leistung liefen. Ein Grad Temperaturerniedrigung in den Büros und Wohnungen durch elektrische Kühlaggregate im Sommer kostet dreimal mehr elektrische Energie als ein Grad Erwärmung im Winter.

Energiemix in Deutschland

Neben diesen Spitzenbelastungen gibt es einen Mindestbedarf, der zu jeder Sekunde über das ganze Jahr hinweg
verfügbar sein muss und „Grundlast" genannt wird. Sie
wurde in Deutschland im Jahr 2013 etwa zur Hälfte von
den kontinuierlich arbeitenden Braunkohlekraftwerken ab-
gedeckt. Die andere Hälfte der Grundlast tragen noch die
Kernkraftwerke bei, die bis zum Jahre 2022 abgeschaltet
werden sollen. Nimmt man die zeitlich variablen Anteile
der Stromversorgung hinzu, dann lieferten im Jahr 2013
die Kraftwerke mit fossilen Brennstoffen mehr als die Hälfte des Stroms, davon Kraftwerke mit Braunkohlefeuerung
25,5 Prozent, mit Steinkohlefeuerung 19,5 Prozent und mit
Erdgasfeuerung 10,4 Prozent. Aus emissionsfreien Kraftwerken stammten etwa 39 Prozent, davon trugen die erneuerbaren Energiequellen etwa 24 Prozent und die Kernkraftwerke 15,3 Prozent bei.

Der Anteil der Kohlekraftwerke hat sich durch die Abschaltung von Kernkraftwerken erhöht und wird sich auf
diesem Niveau halten. Ein kleiner Teil stammt aus der Wasserkraft. Die zusätzlich zu verschiedenen Zeiten benötigte
Mittel- und Spitzenlast wird nach Bedarf zugeschaltet aus
Steinkohle- oder Erdgaskraftwerken oder aus Pumpspei-
cherwerken. Hinzu kommt die unregelmäßig anfallende,
jedoch wegen der gesetzlichen Regelung durch das Erneuerbare-Energien-Gesetz prioritär abzunehmende Leistung
aus Windkraftwerken, Solarenergie und anderen erneuerbaren Energiequellen.

Kohlekraftwerke

Ein heute gebautes Kraftwerk mit Kohlefeuerung kann – bei Kühlung durch einen Fluss – einen Wirkungsgrad von 43 Prozent für Braunkohlefeuerung und mehr als 50 Prozent für Steinkohlefeuerung erreichen. Dies gilt bei Verwendung einer Hochleistungsturbine für eine Flammentemperatur von 1200 Grad Celsius und eine Temperatur des überhitzten Dampfes von 600 Grad. An der weiteren Erhöhung des Wirkungsgrades wird gearbeitet; er ist aber mit Dampf in einem Kreisprozess nicht wesentlich zu steigern. Die älteren Kohlekraftwerke, die zurzeit die Hauptlast der Versorgung tragen, haben noch weit geringere Wirkungsgrade von etwa 32 Prozent. Sie werden mittelfristig durch Anlagen hoher Effizienz ersetzt.

Wenn es in der Umgebung des Kraftwerks industrielle Abnehmer gibt, kann die Abwärme zusätzlich zur „Kraft-Wärme-Kopplung" verwendet werden. Man muss dazu die Temperatur des kalten Speichers T_2 etwas anheben, etwa statt der Flusstemperatur von 18 Grad Celsius eine Temperatur von 50 Grad verwenden. Allerdings wird dadurch der elektrische Wirkungsgrad des Kraftwerks verringert. Dieses Verfahren macht nur dann Sinn, wenn für die Abwärme ein zeitlich andauernder Bedarf – im Winter wie im Sommer – besteht; dies ist der Fall bei industrieller Nutzung der Abwärme, nicht dagegen bei Nutzung zur Raumheizung. Es gibt eben wenig Bedarf für lauwarmes Wasser im Sommer. Mit dieser Kraft-Wärme-Kopplung, insbesondere mit der Gas- und Dampf-Technik (GuD) lassen sich heute Nutzungsgrade von mehr als 50 Prozent erreichen.

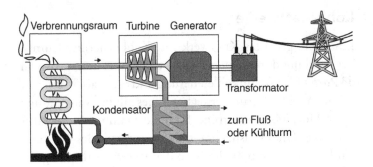

Abb. 1.7 Kohlekraftwerk

Kohlekraftwerke, die eine Hälfte befeuert mit Braunkohle, die andere Hälfte mit Steinkohle, bilden eine der Säulen unserer Stromversorgung (Abb. 1.7).

Ein Nachteil der in Deutschland geförderten Stein- und Braunkohle ist ihr Schwefelgehalt. Bei der Verbrennung des in der Kohle enthaltenen Schwefels entsteht Schwefeldioxid, das mit Wasser schweflige Säure bildet und den sogenannten sauren Regen verursacht. Die Emission von Schwefeldioxid wird heute allerdings stark reduziert, indem in den Abluftkaminen der Kraftwerke Kalkwasser im Gegenstrom auf das aufsteigende Rauchgas gesprüht wird. Das Rauchgas wird dadurch entschwefelt – entsprechend der Formel:

$$SO_2 + CaCO_3 + H_2O \rightarrow CaSO_4 + CO_2 + H_2$$

Dabei bildet sich Gips ($CaSO_4$), der z. B. zu Baumaterial wie Rigipsplatten verarbeitet werden kann. Auf diese Weise wird der saure Regen vermieden. Zusätzlich sorgten Elektrofilter für die Reinigung der Rauchgase vom Staub aus der Kohleverbrennung. Seit den 1970er-Jahren wurde der Himmel über der Ruhr wieder blau, und der deutsche Wald wächst und gedeiht prächtig. Nach den Daten des Statistischen Bundesamtes in Wiesbaden wächst jedes Jahr die Waldfläche und die Masse des im Wald stehenden Holzes an.

Öl- und Gaskraftwerke

Dampfkraftwerke können statt mit Kohle auch mit Öl befeuert werden, so etwa in Italien oder Österreich. Da allerdings die Vorräte an Öl früher erschöpft sein werden als die der Kohle, ist dies nicht sinnvoll. Öl sollte eher als Grundstoff der organischen Chemie, also zur Herstellung von pharmazeutischen Produkten und als Kraftstoff für Fahrzeuge und Flugzeuge genutzt, und nicht zur Verbrennung in Kraftwerken verschwendet werden. Die Verwendung als Kraftwerksbrennstoff ist ohnehin sehr unwirtschaftlich.

Für plötzlich auftretende Engpässe in der Stromversorgung gibt es auch Kraftwerke, in denen Gasturbinen durch heiße Gase aus der Verbrennung von Erdgas angetrieben werden. Auch sie produzieren Kohlendioxid, doch der Wirkungsgrad der Verbrennung ist günstiger. Allerdings ist Erdgas (Methan) wegen der leichten Verteilbarkeit vielseitig einsetzbar und zu wertvoll und zu teuer für den Dauerbetrieb eines Kraftwerks, das die Grundlast bedienen soll. Dagegen sind diese Kraftwerke leicht steuerbar, sie können bei Ausfall der Wind- und Solarkraft schnell hochgefahren werden.

Endlagerung des Kohlendioxids

Die Kohlekraftwerke und die anderen Kraftwerke mit fossilen Brennstoffen verursachen einen regelmäßigen beträchtlichen Ausstoß von Kohlendioxid in die Atmosphäre. Deshalb wird der Versuch unternommen, das erzeugte Kohlendioxid abzuscheiden und in ein unterirdisches Endlager zu bringen, anstatt es in die Atmosphäre zu entlassen. Die dazu entwickelte Technik wird als „Sequestrierung" oder „*Carbon Capture and Storage*" (CCS) bezeichnet.

Diese Alternative bestünde darin, das bei der Kohleverbrennung erzeugte Kohlendioxid im Kraftwerk durch eine chemische Reaktion aus dem Rauchgas zu entfernen, dann das abgeschiedene Kohlendioxid zu komprimieren und unterirdisch oder im Meer endzulagern. Mehrere Verfahren dieser sogenannten „Sequestrierung" des Kohlendioxids wurden in kleinem Maßstab erprobt, so z. B. die chemische Absorption des im Rauchgas enthaltenen CO_2 in wässrigen Lösungen von Alkanoaminen wie Monoethanolamin oder Diethanolamin.

Alle diese Verfahren haben den Nachteil, dass sowohl die Abscheidung des CO_2 wie auch die anschließende Verdichtung vor dem Transport mit dem Schiff, per Bahn oder über eine Pipeline einen sehr großen Einsatz von elektrischer Energie erfordern. Dazu wird etwa ein Drittel des vom Brennstoff erzeugten Stroms verbraucht, sodass der effektive Wirkungsgrad des Kraftwerks beispielhaft von 43 auf 28 Prozent sinkt. Um die gleiche elektrische Energie zu erzeugen, muss eine um mehr als 40 Prozent größere Menge an fossilen Brennstoffen eingesetzt werden, und die entsprechend vermehrten Rückstände an Kohlendioxid müssen sicher und dauerhaft in der Erde „endgelagert" werden.

Über die Endlagerung im Meer gibt es eine kontroverse Diskussion, da sich auf Dauer das auf dem Meeresgrund bei 300 bis 400 Bar Druck und vier Grad Celsius gelagerte flüssige Kohlendioxid im Wasser auflösen und den Säuregrad des Meeres dauerhaft erhöhen – bzw. den pH-Wert erniedrigen – würde. Die Folgen für die Biosphäre wären unabsehbar. Daher wird die Möglichkeit nicht ernsthaft verfolgt. Aussichtsreicher scheint es, die riesigen Mengen an Kohlendioxid unter 50-fachem Atmosphärendruck in frühere Lagerstätten ausgebeuteter Öl- oder Gasvorkommen einzupressen.

Die vorhandenen Kohlekraftwerke in Deutschland emittieren im Jahr etwa 290 Millionen Tonnen CO_2. Will man diese durch Kraftwerke mit CO_2-Abscheidung ersetzen, so muss man mehr Kohle verbrennen. Die neuen Kraftwerke produzieren dann etwa 400 Millionen Tonnen CO_2 pro Jahr, die man abscheiden, transportieren und sicher endlagern muss. Es müssen pro Tag eine Million Tonnen CO_2 von den Kraftwerken zu den Lagerstätten transportiert werden, das erfordert 300 Güterzüge pro Tag oder den Neubau einer Pipeline, aber wohin? Zuerst müssten die Lagerstätten ausgebaut werden, während der Bauzeit wäre eine Zwischenlagerung nötig. Nach Fertigstellung der Endlager in Deutschland wären diese in wenigen Jahren gefüllt. Dort müsste das Gas für sehr lange Zeit so sicher gelagert sein, dass ein Entweichen ausgeschlossen werden kann.

Eine größere Kapazität würden sogenannte Salzwasser-Aquifere bieten. Solche porösen wasserführenden Schichten gibt es z. B. in einer Tiefe von 1000 Metern unter dem Nordseeboden. Dort müsste eine große technische Infrastruktur aufgebaut werden, um eine Million Tonnen CO_2-Abfall pro Tag sicher zu verarbeiten. Die Frage ist unbeantwortet, wie das geschehen soll. Wie sollen in Deutschland oder im küstennahen Nordseeboden 400 Millionen Tonnen flüssiges oder gasförmiges Kohlendioxid pro Jahr sicher im Boden endgelagert werden, wenn schon die Lagerung von einem Tausendstel dieses Volumens von festen Uranrückständen Schwierigkeiten macht?

Weltweit würden zur Endlagerung des CO_2 Hohlräume von 70 Milliarden Kubikmeter pro Jahr benötigt. Die vorhandenen Hohlräume von leergepumpten Erdgaslagerstätten liegen aber weit entfernt von den Kraftwerken, sodass ein Transport des verflüssigten Kohlendioxids wiederum mit Energieaufwand verbunden wäre. Auch ist nicht klar, ob das Gas dort verbleibt oder doch den Weg in die Atmosphäre findet.

Es muss also untersucht werden, ob die Sequestrierung des Kohlendioxids ein gangbarer Weg ist. Die Entwicklung dieser Technik, an der manche Kraftwerksunternehmen arbeiten, wird noch etwa zehn bis 20 Jahre dauern. In der Nähe von Cottbus baute Vattenfall beim Kraftwerk „Schwarze Pumpe" bis 2008 eine kleine Testanlage mit drei Prozent der Leistung eines normalen Braunkohlekraftwerks. Der Wirkungsgrad lag bei 34 Prozent, weniger als bei großen Kraftwerken üblich. Die Lagerung des flüssigen Kohlendioxids bereitete bei dieser kleinen Anlage keine großen Schwierigkeiten.

Wenn die Technik überhaupt für große Kraftwerke eingesetzt wird, dann dürfte sie nach heutiger Kenntnis erst ab dem Jahr 2020 eine Rolle spielen. Probebohrungen sollten klären, ob von dem endgelagerten Kohlendioxidgas mit der Zeit ein kleiner Teil in die Atmosphäre gelangen kann. Das Bundesamt für Geowissenschaften und Rohstoffe wäre in der Lage, diese Frage zu beantworten, aber ob solche Versuchsbohrungen wirklich stattfinden werden, ist unklar. Deshalb sind die technischen Probleme und die genauen Risiken im Detail noch nicht bekannt.

In Deutschland überwiegen die Bedenken vor einer Anwendung dieser technischen Möglichkeit. Den Einsatz von CCS regelt seit dem 24. August 2012 das *Gesetz zur Demonstration der dauerhaften Speicherung von Kohlenstoffdioxid (Kohlendioxid-Speicherungsgesetz – KSpG)*. Damit hat Deutschland die EU-Richtlinie 2009/31/EG in nationales Recht umgesetzt. Nach diesem Gesetz darf im Jahr höchstens eine Menge von vier Millionen Tonnen CO_2 in Deutschland unterirdisch gespeichert werden, für jeden einzelnen Speicher gilt eine Obergrenze von 1,3 Millionen Tonnen. Außerdem haben die Bundesländer eine Klausel eingebaut, die es ihnen erlaubt, die CO_2-Speicherung auf ihrem Territorium generell zu verbieten. Dieses Verbot haben einige Länder schon umgesetzt. Man kann also annehmen, dass CCS in Deutschland wegen dieser gesetzlichen Regelungen in den nächsten Jahrzehnten keine Rolle spielen wird. CCS wird nicht zur Reduzierung der CO_2-Emissionen beitragen.

Da die Kernkraftwerke abgeschaltet werden sollen, bleiben als einzige jederzeit einsetzbare und zuverlässige Stromerzeuger für die Grundlast in Deutschland im Jahre 2022 neben den Wasserkraftwerken nur die Kohle- und Gaskraftwerke. Deren CO_2-Emissionen werden sich auch in Zukunft nicht vermeiden lassen. In China geht ein Kohlekraftwerk pro Woche in Betrieb. Das wird auch für die nächsten 15 Jahre so bleiben. Auch Indien und andere Schwellen- und Entwicklungsländer bauen neue Kohlekraftwerke. Nach den Prognosen von BP werden sich die Anteile fossiler Brennstoffe zur gesamten weltweiten

Primärenergieversorgung bis zum Jahre 2035 auf jeweils etwa 30 Prozent angleichen. Der Anteil des Erdöls wird auf 30 Prozent sinken, der des Erdgases von 25 auf 30 Prozent ansteigen, und die Kohle wird ihren Anteil behaupten. Hinzu kommen Kernenergie, Wind und Solarenergie. Während das Erdöl überwiegend für die Mobilität und als Grundstoff für die organische Chemie eingesetzt wird, dient Erdgas primär der Heizung. Für die Stromerzeugung wird Kohle im 21. Jahrhundert international der dominierende Energierohstoff bleiben.[4]

1.8 Der Treibhauseffekt

Die Planeten Erde und Venus sind etwa gleich groß. Ein gewaltiger Unterschied besteht zwischen ihnen aber hinsichtlich der Oberflächentemperatur. Auf der Erde messen wir ca. 15 Grad, auf der Venus 470 Grad. Woher kommt das? Die Venus ist der Sonne näher, zu ihr braucht das Licht nur sechs Minuten, zu uns acht Minuten. Deshalb trifft auf die Venus ein doppelt so hoher Energiefluss als auf die Erde. Zudem hat die Venus eine viel dichtere Atmosphäre, die fast ausschließlich aus Kohlendioxid besteht. Die auf die Oberfläche der Planeten treffende Sonnenstrahlung wird aufgenommen und in Wärmestrahlung umgewandelt. Diese wird zu einem Teil von der Atmosphäre festgehalten oder „absorbiert", zum anderen in den Weltraum abgestrahlt. Diese Wirkung der Atmosphäre nennt man „Treibhauseffekt". Er ist auf der Venus viel stärker als auf der Erde.

---

[4] Zahlenmaterial findet man bei der Bundesanstalt für Geowissenschaften und Rohstoffe, www.bgr.bund.de.

Die äußere Schicht der Erdatmosphäre hat eine Temperatur von etwa – 18 Grad, auf der Erdoberfläche herrscht dagegen eine mittlere Temperatur von ca. 15 Grad. Der Unterschied von 33 Grad beruht auf dem natürlichen Treibhauseffekt und wird hauptsächlich von dem in der Erdatmosphäre enthaltenen Wasserdampf verursacht. Die äußere Schicht der Venusatmosphäre hat eine Temperatur von – 46 Grad. Als freilich die erste russische Weltraumsonde Verena 7 am 15. Dezember 1970 auf der Venus landete und eine Stunde Messdaten übermittelte, bevor sie wegen der Hitze die Arbeit einstellte, stellte man überrascht fest, dass am Tag dort eine Temperatur von plus 470 Grad Celsius herrscht. Der Grund liegt eben in der dichten Atmosphäre der Venus, die fast ausschließlich aus Kohlendioxid besteht. Außerdem verursacht die Atmosphäre auf der Venusoberfläche einen 90-fachen Druck verglichen mit dem Druck auf der Erde. Kein menschlicher Körper und kein Raumfahrzeug könnten diese Bedingungen überstehen.

Auf der Erde ist der sogenannte „natürliche Treibhauseffekt" mit 33 Grad wesentlich kleiner. Worauf beruht dieser Effekt?

Natürlicher Treibhauseffekt von 33 Grad

Die Sonne sendet Licht- und Wärmestrahlung aus. Diese elektromagnetischen Wellen unterscheiden sich nur durch ihre Wellenlänge. Die langwelligen Teile sind die Wärmestrahlung, die kurzwelligen sind sichtbares Licht, die kürzesten Wellenlängen entsprechen der bräunenden Ultraviolettstrahlung. Die Wellenlängen reichen von 4 Tausendstel Millimeter (Mikrometer) für Wärmestrahlung bis zu 0,2 Mikrometer für Ultraviolett. Die auf die obere Atmosphäre der Erde treffende Lichtenergie von 1370 Watt pro Quadratmeter wird zu einem Drittel zurückgespiegelt und verschwindet im Weltall. Die restliche Energie erwärmt zum Teil die Atmosphäre, zum anderen Teil erreicht sie die Oberfläche der Erde. Wie jeder andere Körper mit einer bestimmten Temperatur strahlt die Oberfläche wieder Energie ab. Entsprechend der Temperatur der Oberfläche ist diese Strahlung langwellige Wärmestrahlung. Die Atmosphäre wird also von unten, vom Boden her erwärmt, je höher man im Gebirge steigt, desto kälter wird es, und in 10.000 Metern Flughöhe herrscht eisige Kälte von minus 60 Grad.

Im Weltall herrscht eine Temperatur von minus 273 Grad Celsius. Die Sonne sorgt mit ihrer Strahlung dafür, dass Leben bei moderaten Temperaturen möglich wird. Auf jedem Planeten wie der Erde herrscht ein Gleichgewicht von Ein- und Ausstrahlung. Die äußere Schicht emittiert Wärme in alle Richtungen des Weltraums, deren Menge wir nach Planck berechnen können. Sie ist nach dem Gesetz der Energieerhaltung gleich der absorbierten Sonnenenergie. So bildet sich ein stabiles Gleichgewicht zwischen der Energie, die der Planet von der Sonne aufnimmt, und derjenigen, die er in den Weltraum abstrahlt. Wenn die Erde keine Atmosphäre hätte, wurde sich die Temperatur der Oberfläche auf minus 18 Grad einstellen, was – neben dem Mangel an Sauerstoff – für menschliches Leben nicht warm genug wäre. Es ist die Atmosphäre, die dafür sorgt, dass auf der Erdoberfläche die angenehme mittlere Temperatur von plus 15 Grad herrscht, die unser Leben ermöglicht.

Worauf beruht nun dieser Effekt? Die Ursache liegt in den sogenannten Treibhausgasen, an erster Stelle Wasserdampf, daneben auch Kohlendioxid und andere nur in Spuren vorhandenen Gase wie Stickstoffoxid, Methan, Ozon u. a. Diese Gase lassen die einfallende sichtbare und kurzwellige Strahlung ungehindert durchtreten, absorbieren aber die langwellige vom Boden kommende Wärmestrahlung. Diese hat Wellenlängen zwischen 3 und 100 Mikrometer, und in diesem Bereich können die Treibhausgase die Strahlung absorbieren. Dabei erwärmen sie sich und tragen zum Treibhauseffekt bei. Die größere Entfernung von der Sonne, das Wasser und die sauerstoffhaltige Atmosphäre ermöglichten die Entstehung des Lebens.

Die Erdatmosphäre als Lebensraum

Zwar hatte die Erde in ihrer Frühphase vor 4,5 Milliarden Jahren auch eine dichte und für Lebewesen unserer Art feindliche Atmosphäre aus Salzsäure und Schwefeldioxid. Aber vor 3,5 Milliarden Jahren setzte die Photosynthese in Cyanobakterien ein, blau-grünen Algen, die dem Wasser den Wasserstoff entzogen und Sauerstoff freisetzten.

Seit 200.000 Jahren schwankte der Kohlendioxidanteil der Atmosphäre zwischen 0,2 Promille und 0,28 Promille. Die Schwankungen waren verbunden mit Eiszeiten und Warmzeiten. Sie hatten verschiedene Ursachen. Ein Teil der Variationen war verursacht durch periodische Änderungen der Erdumlaufbahn um die Sonne und der Neigung der Erdachse zur Umlaufebene, wie der ungarische Bauingenieur Milutin Milankovic Anfang des 20. Jahrhunderts herausfand. Die zyklischen Schwankungen haben verschiedene Perioden. Die Erdbahn ist derzeit kein Kreis, sondern eine Ellipse. Dies wissen wir, seitdem Johannes Kepler aus den

Messungen von Tycho Brahe in Prag die genauen Bahn-
daten berechnete. Durch den Einfluss der anderen Planeten
verändert sich die Bahn mit einem Zyklus von 100.000 Jahren von einer Ellipse zum Kreis und wieder zurück. Das hat
durch die Änderung des Abstandes zwischen Erde und Sonne eine geringe Variation der Sonneneinstrahlung zur Folge.

Einen größeren Einfluss hat die Neigung der Erdachse
zur Umlaufbahn. Sie verursacht den Wechsel von Sommer
und Winter. Da die Erde keine perfekte Kugelform hat, sondern an den Polen abgeplattet und am Äquator ausgebeult
ist, ähnelt sie einem Kreisel. Wie wir von der Beobachtung
des Kinderkreisels wissen, taumelt er unter dem Einfluss der
Schwerkraft, d. h. seine Achse führt eine kreisförmige Bewegung um ihre zentrale Lage aus. Es gibt für einen Kreisel zwei solcher Taumelbewegungen, die in der klassischen
Mechanik „Präzession" und „Nutation" genannt werden.
Beim Kreisel Erde taumelt die Drehachse relativ zur Ebene der Erdbewegung um die Sonne mit den zwei Perioden
von 41.000 und 22.000 Jahren. Der Winkel zwischen der
Äquatorebene und der Erdbahnebene schwankt so zwischen
21,5 und 24,5 Grad. Dadurch werden verschiedene Teile
der Erde unterschiedlich mit Sonnenenergie bestrahlt. Die
Unterschiede zwischen Winter und Sommer verändern sich.

Das Wasser der Ozeane absorbiert die Wärme stärker als
die Kontinente oder schneebedeckte Eiskappen. Die unterschiedliche Reflexionsfähigkeit der Erdoberfläche wird „Albedo" genannt, nach dem lateinischen Wort „*albus*" für
weiß. Die Albedo für schneebedeckte Gletscher beträgt
95 Prozent, die für offenes Meer unter wolkenfreiem Himmel nur weniger als 30 Prozent. So beeinflusst die Stellung
der Erdachse und die Ausdehnung der Eiskappen die Temperatur der Atmosphäre.

Die Wärmeaufnahme der Erde ändert sich auch dann, wenn sich die tektonischen Platten, auf denen die Kontinente liegen, verschieben. Die Sonneneinstrahlung am Äquator ist viel intensiver als an den Polen. Ein Kontinent am Äquator absorbiert mehr Wärme als an den Polkappen.

Während der beiden letzten Eiszeiten war es um etwa fünf Grad kälter als heute. Das kann man aus Bohrkernen im Festlandeis von Grönland und der Antarktis erschließen. Zwischen der damals herrschenden Temperatur und der Kohlendioxidkonzentration ergibt sich eine Parallelität: Wenn die Temperatur durch die veränderten Bahnparameter der Erde anstieg, folgte mit einer Verzögerung von 50 bis 100 Jahren eine Erhöhung der CO_2-Konzentration. Die CO_2-Konzentration war also damals eine Folge der höheren Temperatur, keineswegs die Ursache.

Seit dem Ende der letzten Eiszeit und dem Beginn unserer stabilen Warmzeit vor 11.500 Jahren betrug der natürliche Treibhauseffekt der Erdatmosphäre etwa 33 Grad Celsius. Ursache des natürlichen Treibhauseffektes ist, wie erwähnt, hauptsächlich der in der Atmosphäre vorhandene Wasserdampf. Hinzu kommt seit dem Beginn der Industrialisierung ein kleiner Anteil durch das chemisch inerte Spurengas Kohlendioxid aus der Verbrennung von Kohle und Erdgas.

Energie aus fossilen Brennstoffen

Die Menschen nutzen seit dem Beginn der Industrialisierung Ende des 19. Jahrhunderts in großem Umfang die in der Erde lagernden Vorräte an Kohle, Öl und Erdgas, um Energie zu gewinnen. Wie sich dieser Energieeinsatz in verschiedenen Gegenden der Welt auswirkt, können wir aus

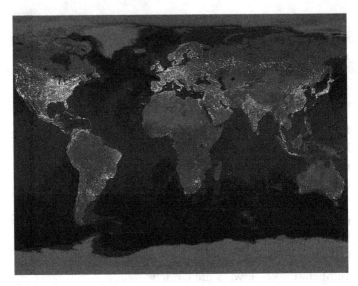

Abb. 1.8   Erde bei Nacht

Abb. 1.8 entnehmen. Wenn wir die Welt bei Nacht im Licht
der von der Erde ausgehenden Wärmestrahlung betrachten,
sehen wir die Aktivität der Menschen, abgebildet durch die
Leuchtkraft, mit der sie auf dem Globus erscheint.

Die USA, Europa, China, Indien und Japan sind die
leuchtenden Flecken, während weite Teile Sibiriens oder
Afrikas dunkel bleiben (Abb. 1.8). Dieser Energieeinsatz
hat Folgen: Da der größte Teil davon auf der Verbrennung
von Kohle oder kohlenstoffhaltigen Energieträgern beruht,
führt jeder Einsatz zur Emission von Kohlendioxidgas. Da
der überwiegende Teil der Menschheit auf der Nordhalbkugel lebt, wird auch das anthropogene Kohlendioxid vorwiegend dort emittiert und verteilt sich in der Atmosphäre
der Nordhalbkugel. Nur mit Verzögerung findet das Koh-

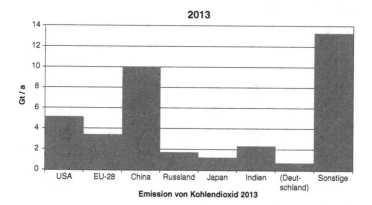

2013

Gt / a

USA   EU-28   China   Russland   Japan   Indien   (Deutschland)   Sonstige

Emission von Kohlendioxid 2013

Abb. 1.9 Gesamtemission von Kohlendioxid der großen Länder im Jahr 2013 in Gigatonnen

lendioxid seinen Weg auf die Südhalbkugel. Die gesamte Menge Kohlendioxid, die die Menschheit pro Jahr in die Atmosphäre „entsorgt", beträgt zur Zeit 36 Milliarden Tonnen (36 Gigatonnen oder Gt) – mit steigender Tendenz (Abb. 1.9). Daran ist China, aber auch die Industrienationen besonders stark beteiligt, wie Abb. 1.9 zeigt.

Wenn wir daraus ermitteln, wie viele Tonnen CO_2 durchschnittlich pro Bürger im Jahr in die Atmosphäre entlassen werden, so ergibt sich das folgende Bild (Abb. 1.10):

Es fällt auf, dass bei ähnlicher Produktivität der Ausstoß von CO_2 sehr verschieden ausfallen kann. Von den industrialisierten europäischen Ländern sind Frankreich und die Schweiz die Musterknaben, während Deutschland im Mittelfeld liegt. Im weltweiten Vergleich liegen Australien und die USA an der Spitze der Emissionen pro Einwohner.

Durch die anthropogenen Emissionen von Kohlendioxid steigt der Anteil des Spurengases in der Atmosphäre stetig an. Die Konzentration von CO_2 wuchs von dem vor-

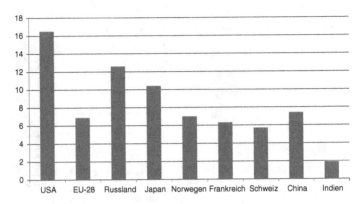

Abb. 1.10 Emission von Kohlendioxid (Tonnen) pro Einwohner im Jahr 2013 für einige Länder. USA 16,5, Russland 12,6, China 7,4, EU-28 6,9, Indien 1,9 (2013)

industriellen Wert von 280 Teilen pro Million (ppm) auf 395 ppm im Jahr 2014. Das ist unstrittig. Nicht ganz so klar ist die Antwort auf die Frage, welche Wirkung dieser Anstieg auf das Klima der Erde hat. Es gibt dazu sehr komplizierte Rechenmodelle mit vielen unbekannten Größen. Die meisten dieser Klimasimulationen sagen einen Anstieg der mittleren Oberflächentemperatur der Erde voraus. Die Änderungen im klimatischen Geschehen werden von diesen Modellen dem Anstieg der Konzentration des CO_2 zugeschrieben. Dazu finden Sie mehr in Abschn. 5.3 über die Unsicherheiten der Klimamodellrechnungen.

Kyoto-Protokoll

Da die Vereinten Nationen das Kohlendioxid als den Hauptgrund für den vom Menschen verursachten zusätzlichen Treibhauseffekt betrachten, beriefen sie Klimakonferenzen ein, die z. B. 1992 in Rio de Janeiro, 1997 in Kyoto, 2000 in Den Haag, 2001 in Bonn und weiter im Jahresrhythmus stattfanden. Die letzte Konferenz fand 2014 in Lima statt, bei der nächsten in Paris sollen verbindliche Ziele vereinbart werden. Das ist aber nicht zu erwarten, da die Interessen der einzelnen Staaten zu weit auseinandergehen. In Kyoto war es zwar gelungen, eine Vereinbarung abzuschließen, mit der die Reduzierung des CO_2-Ausstoßes beginnen sollte. Danach sollten die Industrieländer ihren Ausstoß bis 2012 um fünf Prozent im Vergleich zu dem im Jahr 1990 verringern. Das Protokoll von Kyoto trat am 16. Februar 2005 in Kraft. Mit der Ratifizierung durch Russland war die Bedingung erfüllt, dass die Hälfte der 141 Vertragsstaaten mit 61,1 Prozent der weltweiten CO_2-Emissionen – auch ohne die USA – den Vertrag ratifizierten. Zum ersten Mal setzte sich die internationale Staatengemeinschaft damit verbindliche Ziele im Klimaschutz.

Zehn Jahre später kann man feststellen, dass keines der Ziele des Kyoto-Protokolls erreicht wurde. Auch die folgenden Klimakonferenzen blieben ohne Ergebnis.

Inzwischen sind einige Länder aus dem Kyoto-Vertrag ausgeschieden, und die beiden größten Emittenten von CO_2, die Großmächte China und die USA, haben von Beginn an gar nicht teilgenommen. Die Chinesen betrachten sich als Entwicklungsland, obwohl sie inzwischen der größte Emittent weltweit sind, und die USA haben das Kyoto-Protokoll nie ratifiziert. Im November 2014 trafen sich der amerikanische Präsident Obama und der chinesische Parteivorsitzende und steckten ihre Ziele zur Emission von CO_2 ab. Während die USA immerhin beabsichtigen, bis zum Jahr 2025 ihre Emissionen gegenüber dem Jahr 2005 um 26 bis 28 Prozent zu senken, wollen die Chinesen bis zum Jahr 2030 ihren Ausstoß weiter steigern und erst dann darüber befinden, ob sie die Verbrennung von Kohle einschränken.

Bei der Klimakonferenz in Lima im Dezember 2014 spielte China weiter die Rolle des Entwicklungslandes, das alle Verantwortung auf die westlichen Industrieländer schieben will. Dazu dient die bei Klimakonferenzen übliche Aufteilung der Länder in Industrie- und Entwicklungsländer. Die Entwicklungsländer sprechen dann von einer Schuld der westlichen Länder, weil ihre seit hundert Jahren anhaltende Entwicklung mit Energieumsatz und CO_2-Emissionen einherging. Sie vergessen dabei, dass es genau diese Entwicklung der Naturwissenschaften und Technik in Europa war, deren Erkenntnisse und Erfindungen ihnen heute kostenlos ihre Entwicklung erlauben. Die Dampfmaschine, der 2. Hauptsatz der Wärmelehre, die Maxwell'schen Gleichungen der Elektrodynamik, der Wechselstromgenerator von Siemens, der Otto-Motor, der Dieselmotor, das medizinische Röntgengerät, der lichtelektrische Effekt, die Quantenmechanik und die Halbleitertechnologie, die Kernspaltung und der Reaktor, alle diese Erfindungen wurden in Europa gemacht und dienen heute den Entwicklungsländern. Deshalb dient dieses Schuldargument eher dazu, große Beträge von den Industrieländern zu fordern: 100 Milliarden pro Jahr sollen in einen Klimafonds fließen. Die Konferenz endete ohne konkretes Ergebnis.

Für die nächsten sieben Jahre planen die Chinesen jährlich steigende Emissionen von heute 9,98 Milliarden Tonnen (Gt) CO_2 jährlich auf 12,74 Gt im Jahre 2020. Das bedeutet, dass China jedes Jahr seine Emissionen um 400 Millionen Tonnen steigert, d. h. jedes Jahr kommen etwa 100 neue Kohlekraftwerke hinzu. China baut also in

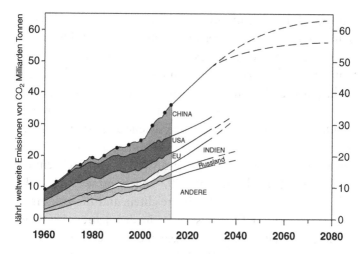

Abb. 1.11 Weltweite Emissionen von Kohlendioxid mit Beiträgen einzelner Regionen (1960–2013). Verlauf der Kurven bis 2030 nach Plänen der Regierungen, danach Schätzung

jedem Jahr so viele neue Kohlekraftwerke zusätzlich, wie in Deutschland insgesamt stehen.

Oder anders ausgedrückt: Die chinesischen Emissionen erhöhen sich so schnell, dass keine Reduzierung in anderen Teilen der Welt zum Ausgleich dienen kann, schon gar nicht die minimalen Reduzierungen, die in Deutschland möglich sind (Abb. 1.11).

Für das Weltklima spielt es sicher keine Rolle, ob die Kraftwerke in Deutschland in den nächsten fünf Jahren jedes Jahr 4,4 Millionen Tonnen CO_2 weniger emittieren, wie es der Energieminister Gabriel festlegen will. Das würde die Stilllegung je eines Kohlekraftwerks und entsprechende wirtschaftliche Konsequenzen und die Entlassung der Mitarbeiter des betroffenen Kraftwerks bedeuten. Zwar ist es dem Minister klar, dass ein gleichzeitiger Ausstieg aus der Kernenergie und aus der Kohleverstromung unmöglich ist, ohne die Versorgungssicherheit akut zu gefährden, aber unter dem Druck der grünen Lobby meint er, das tun zu müssen. Nach der Teilenteignung der großen Versorgungsunternehmen durch die Stilllegung der Kernreaktoren käme so eine neue Enteignung in Gang, die die Unternehmen endgültig ruinieren würde.

Die im Kyoto-Protokoll vorgesehene Beschränkung des CO_2-Ausstoßes wurde weltweit keineswegs eingehalten, im Gegenteil haben sich die Emissionen sehr viel schneller erhöht als noch im Jahr 1997 angenommen wurde. In Abb. 1.11 sind die bis 2013 erreichten und die zukünftig zu erwartenden CO_2-Emissionen in den Jahren 1960 bis 2080 dargestellt: Die Kurven zeigen die realen Emissionen, die steil ansteigen von 24 Milliarden Tonnen (Gt) im Jahr 2000 auf 36 Gt im Jahr 2013, also um 50 Prozent in 13 Jahren. Nach den Vorstellungen des Kyoto-Protokolls hätten die Emissionen ab dem Jahr 2000 abnehmen sollen, im Jahr 2050 auf 50 Prozent des 1990er-Wertes, also 12 Gt, und auf 20 Prozent, 5 Gt, im Jahr 2100. Diese Ziele waren unrealistisch.

Entscheidend für die zukünftige Entwicklung wird sein, wie sich die bevölkerungsreichsten Staaten der Erde, China und Indien, verhalten werden. Beide haben die Schwelle zur Industrialisierung überschritten, beide weisen ein rasantes Wirtschaftswachstum von jährlich etwa sechs bis sieben Prozent und einen entsprechend stark wachsenden Bedarf an Energie auf. Zurzeit wird der Energiebedarf noch hauptsächlich aus der billigen einheimischen Kohle gedeckt und mit einem riesigen Ausstoß von Kohlendioxid und anderen Gasen erkauft. Zusätzlich wird auch eine emissionsfreie Stromerzeugung mit Kernreaktoren sowie mit Wasserkraft und anderen erneuerbaren Energien mit Hochdruck aufgebaut.

Aber die Grundlage der Expansion bleibt für die nächsten 15 Jahre die Kohle. Die im November 2014 bei einem Treffen mit US-Präsident Obama von Staats-und Parteichef Xi Jinping bekanntgegebene Entscheidung der chinesischen Regierung, bis zum Jahr 2030 die CO_2-Emissionen in China weiter zu steigern, ermöglicht eine Abschätzung des wahrscheinlichen zukünftigen Verlaufs der weltweiten Emissionen.

Nach den Plänen der chinesischen Führung wird China schon im Jahr 2020 einen CO_2-Ausstoß von jährlich 9,5 Tonnen pro Einwohner (t/EW) erreichen, also mehr als Frankreich mit ca. 5 t/EW oder Deutschland mit 9 t/EW. Die chinesischen Emissionen werden weiter steigen bis zum Jahr 2030 auf etwa 15 Gt pro Jahr oder 11 t/EW.

Auch Indien plant nach Aussagen seines Energieministers Piyush Goyal, seine Stromerzeugung mit Kohle innerhalb von fünf Jahren auf das Doppelte zu steigern. Der Minister verlangt mehr Verständnis und die Anerkennung der Notwendigkeit für Indien, den Entwicklungsstand des Westens zu erreichen. Wenn dieser Plan umgesetzt wird, emittiert Indien im Jahr 2020 4,8 Gt CO_2 entsprechend 3,8 t/EW.

Wenn sich die anderen Schwellenländer nach diesem Vorbild richten, werden die weltweiten Emissionen schon im Jahr 2030 auf 49 Gt CO_2 ansteigen.

Wir können also feststellen, dass die internationale Klimapolitik nach dem Kyoto-Modell gescheitert ist. Die Emissionen von Kohlendioxid werden in den nächsten 20 Jahren weiter steigen, und auch nach 2030 werden die Einschränkungen in China gering bleiben, trotz des Ausbaus der Stromproduktion in Kernkraftwerken und auch dem Ausbau erneuerbarer Stromquellen. In den USA wird die beabsichtigte Verringerung des CO_2-Ausstoßes hauptsächlich durch die vermehrte Verwendung von Erdgas aus Fracking, der Verlängerung der Laufzeiten der Kernkraftwerke auf 60 Jahre und – in geringerem Umfang – dem Bau von Solaranlagen im Süden erreicht.

Deutschland dagegen ist viel zu klein, um in diesem Zusammenhang eine Rolle zu spielen. Der deutsche Anteil an den weltweiten Emissionen beträgt heute 2,3 Prozent, er wird im Jahr 2030 auf weniger als 1,8 Prozent abnehmen, weil die Emissionen weltweit steigen, aber in Deutschland sinken. Die deutschen Bemühungen spielen weltweit eine unbedeutende Rolle. Schon gar nicht hat Deutschland eine Vorreiterrolle, denn wenn niemand außer dem Diener Sancho Pansa dem Vorreiter folgt, gleicht er eher dem Ritter von der traurigen Gestalt. Don Quichotte kämpfte gegen Windmühlen, wir kämpfen für Windkraftanlagen, mit ähnlichem Erfolg.

Auswirkungen auf die CO_2-Konzentration in der Atmosphäre

Von dem aus anthropogenen Quellen stammenden Kohlendioxid bleiben etwa 60 Prozent in der Atmosphäre, und 40 Prozent werden von den Ozeanen aufgenommen und im Wasser gelöst. Die Emissionen führen so zu einer Zunahme des CO_2-Anteils in der Atmosphäre. Von dem Wert vor Beginn der Industrialisierung, der 280 ppm (*parts per million*) betrug, hat sich der Anteil auf 395 ppm im Jahr 2013 erhöht. Dieser Verlauf wurde am besten an einer von der Zivilisation weit entfernten Stelle gemessen, dem Mauna-Loa-Massiv auf einer der Hawaii-Inseln. Das Laboratorium auf dem Mauna-Loa-Vulkan ist das Werk eines Meeresforschers, Charles D. Keeling. Im Jahr 1958 begann er zusammen mit einem Kollegen zu berechnen, wie viel von dem Kohlendioxid der Atmosphäre durch die Ozeane aufgenommen werden könnte. Dabei fand er heraus, dass die Ozeane nicht als Senke für die Gesamtmenge des durch die menschliche Aktivität zusätzlich in die Atmosphäre entlassenen Kohlendioxids dienen konnten, sondern dass sie im Wesentlichen schon gesättigt waren. Genaue Messungen im Jahr 2005 zeigten später, dass der Säuregrad der Meere nur noch leicht zunimmt. Keelings Schlussfolgerung war, dass das Kohlendioxid sich also in der Atmosphäre ansammeln musste. Er baute eine Messstation für CO_2 auf, um kontinuierlich die CO_2-Konzentration in der Luft zu messen. Schon nach wenigen Jahren war klar, dass seine Vermutung richtig war: Der CO_2-Gehalt der Luft stieg jedes Jahr um 1,3 bis 1,5 Millionstel Volumenanteile (*parts per million* oder ppm) an, wenn man den zeitlichen Mittelwert zwischen Sommer und Winter bildete. Diese Messungen haben Signalwirkung: Ihre Ergebnisse bilden einen globalen Indikator für den Anstieg des Treibhausgases.

Da die bewaldete oder bewachsene Fläche auf der Nordhalbkugel wesentlich größer ist als im Süden, wird im Sommer der Nordhalbkugel mehr Kohlendioxid von den Pflanzen aufgenommen als im Sommer der Südhalbkugel, unserem Winter. Diese jahreszeitlichen Schwankungen der CO_2-Aufnahme wirken sich auf die Kohlendioxidkonzentration in der Atmosphäre aus. Das kann man aus der Messkurve des Observatoriums von Mauna Loa auf Hawaii (Abb. 1.12) entnehmen.

Die wellenförmige Schwankung der Konzentration des Kohlendioxids hat jeweils ihr Maximum zur Zeit des Winters auf der Nordhalbkugel, ihr Minimum im Juli. Diese Schwankung wird allerdings überlagert von dem menschengemachten Anstieg der Konzentration durch die Ver-

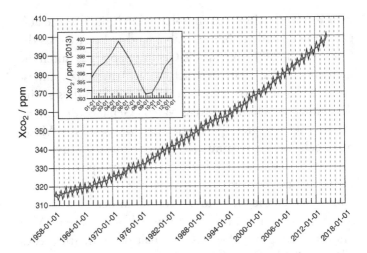

Abb. 1.12 Anstieg der Kohlendioxidkonzentration nach Messungen am Mauna-Loa-Observatorium, Hawaii (in Millionstel Volumenanteilen)

brennung von Kohle, Öl und Gas in den Jahren, in denen die Messungen gemacht wurden. Der Anteil des CO_2 stieg im Jahr 2013 auf 395 ppm.

Wenn man die absehbaren Emissionen bis zum Jahr 2100 berücksichtigt, dann wird die CO_2-Konzentration in der Atmosphäre auf etwa 500 bis 600 ppm ansteigen, also auf das Doppelte des vorindustriellen Werts. Wie stark dies das Klima beeinflussen wird, ob und um wie viel die mittlere Oberflächentemperatur ansteigen wird, ist offen. Ebenso unklar ist es, ob das willkürlich gesetzte Ziel, einen Anstieg um zwei Grad zu vermeiden, Aussicht auf Erfolg hat. Davon handelt Kap. 5 (Abschn. 5.3).[5]

---

[5] Schönwiese, C.D. (2008) *Klimatologie*. 3. Auflage, Eugen Ulmer, Stuttgart.

2

Neue Energie

2.1 Wasserkraft – blaue Energie

Der Rheinfall bei Schaffhausen ist ein eindrucksvolles Beispiel für Energie. Auf seinem langen Weg von der Quelle am Fuße des Vorderrhein-Gletschers in Graubünden durch die Via-Mala-Schlucht und durch den Bodensee hat der Rhein das Wasser aller Nebenflüsse aufgesammelt und ist mächtig angewachsen. Seine Wassermassen stürzen bei Schaffhausen zu Tal.

Die potenzielle Energie des Wassers stammt ursprünglich aus der Sonnenenergie. Diese lässt das Meerwasser im äquatornahen Gebiet verdunsten und aufsteigen. Die feuchte Luft fließt dann nach Norden und Süden ab und schlägt sich am Ende als Regen, Hagel oder Schnee nieder. Besonders regen- und schneereich sind die Gebirge, in Europa die Alpen. Der angesammelte Schnee schmilzt im Frühjahr weg, nur in den hochgelegenen Gletschern bleibt er als Eis erhalten.

Seit langer Zeit nutzen die Menschen die Wasserkraft der Flüsse. In den schattigen Flusstälern, wo niemand wohnen wollte, bauten die technisch Begabten ihre Mühlen, zunächst zum Mahlen des Korns. Da jedermann Mehl zum

© Springer-Verlag GmbH Deutschland, ein Teil von Springer Nature 2015
K. Kleinknecht, *Risiko Energiewende*,
https://doi.org/10.1007/978-3-662-46888-3_2

Brotbacken brauchte, wurden die Müller reich, und populär waren die wandernden Müllerburschen: „Das Wandern ist des Müllers Lust".

Aber die Wasserkraft nutzte man auch auf andere Weise: In den Flusstälern des Sauerlands und des Schwarzwalds entstanden Schmieden, Drahtziehereien, Schlossereien, Betriebe der Metallbearbeitung aller Art. Auch die Uhrmacher, die kleinste, präzise gearbeitete Metallteile brauchten, siedelten sich dort an. Mit der Erfindung des Generators durch Werner von Siemens Ende des 19. Jahrhunderts begann schließlich eine neue Phase der Wassernutzung. Jetzt wurden entlang der Flüsse kleine Elektrizitätswerke gebaut, die Isar-Amper-Werke, die Vorarlberger Werke oder das Elektrizitätswerk am Rheinfall sind Beispiele. Ergänzt wurden die Laufkraftwerke durch Stauseen, möglichst jeder Kubikmeter Wasser sollte seine Höhenenergie an eine Turbine abgeben, wenn er zu Tale rauschte. Diese Stauseen in den österreichischen und Schweizer Alpen passen in das Landschaftsbild, sie stören nicht. Allerdings stößt heute der Neubau von Stauseen auf Widerstand in der Bevölkerung. Im Tiroler Bergdorf Vent, wo die Tiroler Wasserkraft AG (Tiwag) ein neues Kraftwerk plant, lehnen die Bergbauern das Projekt ab. Auch der Deutsche Alpenverein, dem die Hälfte des zur Überflutung vorgesehenen Landes dort gehört, hat Bedenken dagegen. Bei solchen neuen Projekten muss man mit einer fünf bis zehn Jahre dauernden Diskussion rechnen.

Vor hundert Jahren beim Bau der Stauseen in den deutschen Mittelgebirgen gab es solche Bedenken nicht, weil deren Vorteile unstrittig waren. Im westfälischen Sauerland dienen die Stauseen der Möhnetalsperre, der Edertalsper-

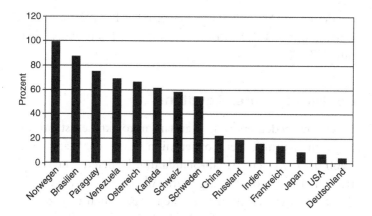

Abb. 2.1 Anteil der Wasserkraft. (in Prozent des Bedarfs)

re oder der Sorpetalsperre seit ihrem Bau als notwendige Trinkwasserspeicher und gleichzeitig als Speicher für elektrische Energie.

In noch größerem Umfang als die Alpenregion profitiert Norwegen von seinem natürlichen Reichtum. Es verfügt über große Ressourcen von fließendem Wasser, die es zur Stromerzeugung nutzt. So kann das Land 100 Prozent seines Stromverbrauchs aus der Wasserkraft bestreiten, und zusätzlich Strom exportieren. Eine Grafik (Abb. 2.1) illustriert den Anteil der Wasserkraft an der Stromerzeugung für einige dieser bevorzugten Länder und für andere Länder, deren Flüsse in der Ebene nicht gestaut werden können.

Ertrag der Wasserkraft weltweit

Die gesamte elektrische Energie, die weltweit durch Wasserkraft jährlich erzeugt wird, beträgt 2630 Milliarden Kilowattstunden (TWh), also etwa das Dreifache des gesamten deutschen Strombedarfs. Die größten Produzenten sind Kanada mit 331 TWh, Brasilien mit 271 TWh und China mit 257 TWh.

Der Nil – Ernährer Ägyptens

Eines der bedeutendsten Staudammprojekte entstand in Ägypten. Mithilfe der Sowjetunion baute das Land von 1960 bis 1971 den Assuan-Staudamm. Er liefert eine elektrische Leistung von 1,1 Gigawatt. Allerdings wurden durch den Stausee neben modernen Siedlungen auch die uralten Tempelanlagen von Abu Simbel bedroht. In einer Rettungsaktion der UNESCO konnte der Tempel in den Jahren 1964 bis 1968 an eine höher gelegene Stelle versetzt werden, um ihn vor dem Versinken in den Fluten zu retten. Auch ein anderer Tempel, der Amun-Tempel von Hibis, ist durch das steigende Grundwasser gefährdet, sodass die Regierung ihn jetzt versetzen will. Die Bewohner der vom Stausee überschwemmten Dörfer, ca. 120.000 Menschen vom Stamm der Nubier, mussten umgesiedelt werden. Der Staudamm dient in erster Linie zur Kontrolle der Flut und zur Bewässerung der Uferregion, in der der größte Teil der ägyptischen Bevölkerung lebt. Der Nil führt zwei Drittel seines Wassers in den Monaten August bis Oktober. Diese unregelmäßige Bewässerung wird durch den Damm auf größere Zeiträume verteilt. Da nun der Nilschlamm ausbleibt, der vor dem Dammbau als Dünger für die Felder wirkte, ist der vermehrte Einsatz von Kunstdünger vonnöten.

Es ist nicht verwunderlich, dass Ägypten die gesicherte Wasserzufuhr des Nils zu seinem vitalen nationalen Interesse erklärt hat. Deshalb hat es öfters Konflikte mit den

Oberanliegern des Nils, dem Sudan und Äthiopien, gegeben. Zur Schlichtung dieser Konflikte wurden Verträge geschlossen. Sie konnten allerdings nicht verhindern, dass die Spannungen anhalten. Im Jahr 1979 drohte der ehemalige ägyptische Präsident Anwar el Sadat: „Falls Äthiopien irgendetwas unternimmt, um unsere Rechte am Nilwasser einzuschränken, wird es für uns keine Alternative zur Anwendung von Gewalt geben." Acht Jahre später erklärte der damalige Außenminister und spätere UN-Generalsekretär Boutros Boutros-Ghali, der nächste Krieg in der Region werde ums Wasser geführt werden.

Da Äthiopien bisher nur einen sehr geringen Anteil des Nilwassers für sich abgezweigt hat, erhebt es jetzt den Anspruch, seinen Anteil zur landwirtschaftlichen Bewässerung zu erhöhen. Andererseits hatten sich die beiden Unteranlieger schon 1959 auf eine Aufteilung zu 75 Prozent für Ägypten und 25 Prozent für den Sudan geeinigt. Der äthiopische Außenminister erklärte zu diesem Problem im Jahr 1998: „Keine irdische Macht kann Äthiopien davon abhalten, aus dem Nilwasser Nutzen zu ziehen." Doch Ägypten beharrt auf seinen historisch gewachsenen Ansprüchen.

Versöhnung durch Wasserkraft – das Itaipu-Projekt

Friedlich und erfolgreich wurde ein wesentlich größeres Projekt mit politischer Bedeutung in Südamerika verwirklicht. Am 26. April 1973 trafen die Regierungsspitzen der ehemals verfeindeten Länder Brasilien und Paraguay zusammen, um ein Abkommen zur gemeinsamen Nutzung der Wasserkraft des Paraná-Flusses abzuschließen. Der Fluss bildete in der Nähe der Grenze beider Länder einen riesigen Wasserfall, der nun gemeinsam von der binationalen ITAIPU-Gesellschaft zur Stromerzeugung genutzt werden sollte. Es musste eine Staumauer von 7,6 Kilometern Länge und einer Höhe von 225 Metern gebaut werden, um einen See von 170 Kilometern Länge und einer Fläche von 6900 Quadratkilometern aufzustauen. Dies ist die zwölffache Fläche des zweitgrößten europäischen Binnensees, des Bodensees; der Staudamm ist höher als das Ulmer Münster mit dem höchsten Kirchturm der Erde.

30.000 Arbeiter bauten zunächst einen zwei Kilometer langen Umgehungskanal für den Fluss, um dann im trockenen Flussbett die Staumauer zu errichten. Millionen Tonnen Stahl und Beton wurden verbaut, bis nach 16 Jahren Bauzeit und Kosten von 20 Milliarden Dollar im Jahr 1991 das Bauwerk fertiggestellt und eingeweiht werden konnte (Abb. 2.2). Die 20 Turbinen (Abb. 2.3) erzeugen heute

Abb. 2.2 Itaipu-Staudamm zwischen Paraguay und Brasilien

Abb. 2.3 Itaipu-Fallrohre und Turbinen

kontinuierlich jeweils 715 Megawatt, zusammen 14 Gigawatt elektrischer Leistung. Das Kraftwerk liefert 75 Prozent des Bedarfs an elektrischer Energie von Paraguay und
20 Prozent des Bedarfs von Brasilien. Zusammen mit der
Leistung anderer Wasserkraftwerke kann Paraguay seinen
gesamten Strombedarf aus Wasserkraft decken, Brasilien
über 80 Prozent seines Bedarfs. Der Damm vermeidet in
jedem Betriebsjahr die Emission von 100 Millionen Tonnen Kohlendioxid, die durch entsprechend leistungsfähige
Kohlekraftwerke erzeugt würden.

Die drei Schluchten des Yangtse

Am 20. Mai 2006 wurde der letzte Beton in den Drei-
Schluchten-Damm gegossen. Das gewaltigste Staudamm-

projekt in China übersteigt sogar die Dimension des Itaipu-Dammes. Eine Million Chinesen wurden umgesiedelt, um die Aufstauung des Yangtses an einer Stelle zu ermöglichen, an der er sich durch die drei Schluchten eines Bergmassivs zwängt. Die Länge des Staudamms ist hier 2,3 Kilometer, die Fläche des Sees wird nach der Fertigstellung 6900 Quadratkilometer, seine Länge 600 Kilometer betragen. Diese Fläche entspricht zehnmal der des Genfer Sees. Die Masse des ausgehobenen Materials an Stein und Erde übertrifft mit 100 Millionen Tonnen die Masse der chinesischen Mauer. Der Damm wurde im Mai 2006 fertiggestellt. Das Kraftwerk wird im Endausbau eine elektrische Leistung von 18,2 Gigawatt liefern, dies entspricht etwa 15 Kernkraftwerken heutiger Bauart. Der Damm soll neben der Stromerzeugung auch einen anderen Vorteil bringen: Die Regelung des Durchflusses erlaubt eine Kontrolle der Wassermenge des Yangtse. In früheren Zeiten führten die jahreszeitlichen Schwankungen der Wassermenge oft zu katastrophalen Überschwemmungen im Flachland, die viele Menschen das Leben kosteten.

Allerdings hat dieser Bau auch für eine Million Chinesen schwere Nachteile gebracht. Sie haben ihr Land verloren, und die Entschädigung oder ein Ersatz lassen auf sich warten.

China will auf dem Weg der Erschließung seiner Wasserkraftreserven weitergehen. Im Mai 2006 gab die Regierung bekannt, dass sie in den nächsten 20 Jahren 100 neue Wasserkraftwerke bauen will. An einem der Nebenflüsse des Yangtse, dem Goldsandfluss, sollen zwölf Dämme gebaut werden, die zusammen die dreifache elektrische Leistung des Drei-Schluchten-Damms liefern sollen.

Stausee als politisches Druckmittel – der Atatürk-Staudamm

Das Zweistromland Mesopotamien, in dem die erste Hochkultur der Menschheit entstanden war, konnte seine blühende Landwirtschaft mit künstlicher Bewässerung aus Euphrat und Tigris speisen. Deren Wasser war eine der Grundlagen der babylonischen Zivilisation.

Beide Flüsse entspringen im ostanatolischen Hochland, das heute zur Türkei gehört. Die karge und arme Gegend ist Siedlungsgebiet der kurdischen Minderheit. Die türkische Regierung plant, mit einem großen regionalen Entwicklungsprojekt (Güney Anadolu Projesi, GAP) das gesamte Wasser des Euphrat und Tigris mit 22 Staudämmen und 19 Wasserkraftwerken zu kontrollieren. Seit 1980 wird daran gebaut, um das Wasser der beiden Flüsse für die wirtschaftliche Nutzung zu erschließen. Damit soll eine Fläche von 75.000 Quadratkilometern bewässert und landwirtschaftlich genutzt werden, die etwa der Fläche von Belgien und der Niederlande zusammen entspricht. Dadurch soll Südostanatolien zum Gemüsegarten des Nahen Ostens werden.

Der größte der 22 Staudämme ist der Atatürk-Staudamm am Euphrat. Er entzieht über einen Tunnel dem Euphrat 330 Kubikmeter Wasser pro Sekunde, also fast die Hälfte seines Wassers. Der Stausee bedeckt eine Fläche von 817 Quadratkilometern – dies entspricht etwa der doppelten Fläche des Bodensees (Abb. 2.4). 1992 wurde der Damm eingeweiht und im Jahr 2005 das Kraftwerk fertiggestellt. Das gesamte GAP-Projekt wurde ohne die Zustimmung der beiden stromabwärts liegenden Staaten Syrien und Irak verwirklicht. Es soll der Türkei nicht nur Wohlstand und „Entwicklung" bringen, sondern auch der inne-

Abb. 2.4 Atatürk-Stausee in Südostanatolien

ren Befriedung und Kontrolle der großenteils von Kurden bewohnten Region dienen. Allerdings hat es gravierende Nachteile für die Unteranlieger: Für sie wird das zufließende Wasser nicht nur knapper – die nach Syrien und Irak abfließende Wassermenge wird sich um ca. 60 Prozent verringern –, sondern auch qualitativ schlechter. Dazu tragen einerseits die Industrieabwässer auf türkischem Gebiet bei. Andererseits steigen der Salzgehalt und die Pestizidbelastung des Euphrats, weil das Wasser schon in der Türkei landwirtschaftlich genutzt wird.

Irak und Syrien, deren Landwirtschaft und Stromversorgung in hohem Maße von Euphrat und Tigris abhängen (Syrien hängt zu 90 Prozent vom Euphratwasser ab), verlangen Garantien über die Zuflussmenge. Die Türkei vertritt demgegenüber den Standpunkt, dass es sich mit dem Wasser verhalte wie mit dem Öl: „Wer an der Quelle sitzt, hat ein Recht darauf, das ihm niemand streitig machen kann" – so der damalige türkische Ministerpräsident Süleyman Demirel. Später hat Ministerpräsident Turgut Özal in Verhandlungen 1984 und 1987 den Syrern und Irakern einen Durchfluss von 500 Kubikmetern pro Sekunde garantiert. Dieser soll im Verhältnis 58 zu 42 auf die beiden Länder aufgeteilt werden. Zu einer Krise, die beinahe zum Krieg zwischen den drei Staaten geführt hätte, kam es Anfang 1990; denn die Türkei staute einen Monat lang den Euphrat fast völlig, um die erste Stufe des Atatürk-Stausees zu füllen. Und während des Ersten Golfkrieges setzte Ankara schließlich das Euphrat-Wasser gezielt als Druckmittel gegen den Irak ein: Ab dem 1. Februar 1991 drosselte der NATO-Staat Türkei den Abfluss aus dem Stausee um 40 Prozent aus „technischen Gründen", wie es offiziell hieß. Da die alliierten Luftangriffe gegen den Irak am 17. Januar 1991 begonnen hatten, kann man hinter dieser Maßnahme auch ein politisches Motiv vermuten. Bereits 1975 hatte ein Streit um die Nutzung des Euphrat-Wassers Irak und Syrien an den Rand des Krieges gebracht.

Die syrische und die irakische Regierung betrachten die beiden Flüsse als internationale Gewässer. Doch es ist die Türkei, die die Leistung von 7,5 Gigawatt aus den Wasserkraftwerken nutzt, um pro Jahr 27 Milliarden kWh elektrischer Energie zu erzeugen. Zusammen mit den weiteren geplanten Staudämmen am Tigris wird diese Leistung noch weit übertroffen werden.

Risiken

Die Nutzung von Staudämmen ist nicht ohne Risiko. Schon vor 5000 Jahren wurde von einem Dammbruch bei Uruk in Mesopotamien und den dabei Getöteten berichtet. Heute gibt es mehrere Tausend Stauseen weltweit, davon 311 in Deutschland, und Dammbrüche treten regelmäßig auf. Größere Katastrophen ereigneten sich 1917 in Madhya Pradesh in Indien mit über tausend Opfern, 1923 bei Bergamo in Italien, 1928 in Kalifornien und 1929 in Bolivien. In Deutschland sind die Tausende von Toten in Erinnerung, die 1943 durch die Flutwelle umkamen, als britische Bomber die Möhnetal- und die Edertalsperre sprengten. Die Serie der Unfälle reißt bis heute nicht ab. In den letzten 50 Jahren wurden weltweit etwa 70 Dammbrüche verzeichnet. Der möglicherweise folgenschwerste war ein kaskadenartig sich fortpflanzender Bruch mehrerer Dämme in China in der Provinz Henan am 8. August 1975, bei dem mehr als 80.000 Menschen ertranken und weitere 145.000 an den sich in der Folge ergebenden Epidemien starben. Bei entsprechend sorgfältiger und ununterbrochener Überwachung der mechanischen Stabilität der Dämme werden die Risiken aber als beherrschbar angesehen. In Deutschland ist außer durch die Bombardierungen im Krieg kein Damm jemals gebrochen.

Deutschland

Im Vergleich zu den Großprojekten in China, Paraguay und der Türkei nimmt sich die elektrische Energie aus allen deutschen Wasserkraftwerken bescheiden aus. Alle Laufwasserkraftwerke, die vorwiegend in der Alpenregion liegen, erbringen zusammen eine Leistung von 2,8 Gigawatt und tragen etwa dreieinhalb Prozent oder 21 TWh zur deutschen Stromerzeugung bei. Daneben gibt es in den Mittelgebirgen, insbesondere im Sauerland, die erwähnten großen Stauseen. Die Möhne-, Bigge-, Eder- und Sorpetalsperre dienen als Trinkwasser- und Energiespeicher. Die Pumpspeicherkraftwerke der Talsperren sorgen für den Ausgleich von Spitzenbelastungen im Stromnetz und nutzen in Zeiten geringen Verbrauchs den Strom, um Wasser vom Tal wieder in die Stauseen zu pumpen.

Die Stromerzeugung aus Wasserkraft lässt sich in Deutschland aber nicht mehr wesentlich steigern. Niemand, auch nicht die engagiertesten Vertreter der erneuerbaren Energien, käme auf die Idee, in Anlehnung an das chinesische Drei-Schluchten-Projekt die Kapazität der Stromerzeugung durch Wasserkraft etwa durch ein riesiges Staudammprojekt am Rhein zu vergrößern. Für solch ein Projekt müsste der Rhein bei Koblenz zurück bis Bingen aufgestaut werden, das Weltkulturerbe Mittelrheintal würde im Wasser versinken. Und selbst dann würden die Wassermassen von Rhein, Main und Nahe in der Staustufe bei Koblenz nicht einmal die elektrische Leistung eines Großkraftwerks liefern.

Da im Wesentlichen alle nutzbaren Wasserläufe bereits zur Stromerzeugung verwertet werden, muss in Deutschland der Zuwachs an erneuerbarer Energie also aus anderen Quellen kommen.

2.2 Windkraft – an der Küste und auf hoher See

Küsten und Meere sind die Orte, an denen am ehesten mit Windstärken zu rechnen ist, die sich zur Nutzung der Windkraft eignen. Von der Sonnenenergie, die auf die Erde auftrifft, wird der überwiegende Teil in der Äquatorzone eingestrahlt. Das dort verdampfende Wasser steigt auf und treibt das System der großflächigen Passatwinde an. Etwa zwei Prozent der Sonnenenergie werden auf diese Weise in Bewegungen der Luftmassen umgesetzt, die sich in Winden, aber auch in Wirbelstürmen (Hurrikan, Taifun) auswirken. In Deutschland ist insbesondere die Nordseeküste der Ort, an dem im Jahresmittel die Windgeschwindigkeit den für den Betrieb einer großen Windkraftanlage erforderlichen Mindestwert von fünf Metern pro Sekunde überschreitet. Auf der Karte (Abb. 2.5) sind diese Gebiete gekennzeichnet. Der bevorzugte Küstenstreifen hat eine Länge von ca. 160 Kilometern, zusätzlich gibt es noch einige Plätze in den Mittelgebirgen, an denen es sich lohnt, Windräder aufzustellen.

Freilich ist auch in diesen Gegenden der Betrieb einer Windkraftanlage nur dadurch rentabel, dass dem Betreiber durch das Gesetz über Erneuerbare Energien (EEG) ein Festpreis für die Abnahme des produzierten Stroms garantiert wird. Dieser beträgt zurzeit. durchschnittlich etwa sechs Cent/kWh und liegt damit über dem Erzeugerpreis für Strom aus Kohle- oder Kernkraftwerken von drei bis fünf Cent/kWh. Die Subvention, die durch das Gesetz den Betreibern gezahlt wird, geht zu Lasten aller Stromkunden und erhöht den Strompreis. Sie betrug im Jahr 2014 fünf

Mittlere Windgeschwindigkeit in 10m Höhe

4 bis 5m/s
> 5m/s

Abb. 2.5 Windkarte Deutschland

Milliarden Euro. Die Förderung der Windkraft durch das
EEG hat in Deutschland zur Entwicklung von leistungs-
fähigen Windrädern geführt. Von kleinen Maschinen ging
die Entwicklung hin zu immer höheren Türmen und größeren Flügeln (Abb. 2.6).

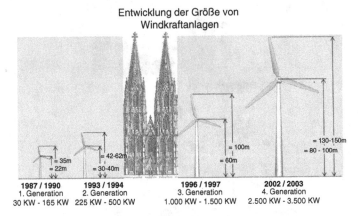

Abb. 2.6 Größe von Windkraftanlagen. (Quelle: Prof. Helmut Alt, Aachen)

Die Flügel sind wie die eines Flugzeugs konstruiert. Sie bieten dem Wind nicht Widerstand, sondern werden auf beiden Seiten umströmt und nutzen den durch die Profilform und das Bernoulli-Gesetz erzeugten Auftrieb, um die Rotation in Gang zu setzen. Dadurch wird die im Wind steckende Energie zu etwa 45 Prozent in Rotationsenergie umgewandelt. Am geeignetsten sind Rotoren mit drei Flügeln.

Bei Windgeschwindigkeiten unter elf bis achtzehn Kilometern pro Stunde stehen die Windräder still, bei höheren Geschwindigkeiten beginnt der Rotor sich zu drehen, wobei die erzeugte Leistung sich mit der dritten Potenz der Windgeschwindigkeit erhöht. Doppelte Windgeschwindigkeit bedeutet also achtfache Leistung. Bei weiterem Anwachsen der Windgeschwindigkeit wird zu einem bestimmten Zeitpunkt die maximale Umdrehungszahl der Flügel mit etwa 30 Umdrehungen pro Minute (U/min) erreicht. Entweder wird ein Generator direkt mit dieser Umdrehungszahl betrieben. Dann muss der erzeugte Wechselstrom gleichgerichtet und anschließend durch einen Wechselrichter auf die Netzfrequenz gebracht werden. Alternativ wird mit einem mechanischen Getriebe eine Umdrehungszahl von ca. 1500 U/min erreicht, mit der der Generator angetrieben wird. Heutige Rotoren können Spitzenleistungen oder „Nennleistungen" von 1 bis 7,5 Megawatt erzeugen. Steigt die Windgeschwindigkeit weiter an, kann keine größere Leistung erzeugt werden – im Gegenteil: Bei Windgeschwindigkeiten von 90 Kilometern pro Stunde oder der Windstärke 10 müssen die Rotoren abgeschaltet werden. Damit die Rotorblätter nicht beschädigt werden, verändert man den Anstellwinkel der Flügel so, dass sie wie Fahnen im Wind keinen Widerstand mehr bieten.

Da die Windgeschwindigkeit in größerer Entfernung vom Erdboden höher ist, werden die Türme der Windräder möglichst hoch gebaut. Heutige Anlagen haben bis zu 150 Meter hohe Türme und eine Propellergröße von bis zu 60 Metern. Die maximale Leistung oder „Voll-Last" wird nur selten erreicht. Die im Jahresmittel abgegebene Leistung liegt weit darunter. Rechnet man die jährlich erbrachte Leistung in eine fiktive Zahl von Stunden mit voller Leistung um, so ergeben sich pro Jahr in Deutschland durchschnittlich 1600 Vollast-Stunden. Je nach Standort sind die Flügel zu einem Siebtel bis zu einem Viertel der Zeit im Betrieb mit maximaler Leistung.

Durch die massive Förderung dieser Anlagen wuchs in Deutschland die Zahl der Windräder schnell an. Anfang des Jahres 2014 waren 25.000 Anlagen mit einer Spitzenleistung von 34 Gigawatt in Betrieb. Mit der durchschnittlichen Zahl von 1600 Vollast-Stunden wurden im Jahr 2014

52 Milliarden Kilowattstunden erzeugt. Dies entspricht 8,6 Prozent des deutschen Strombedarfs. Durch die Subvention über den Strompreis erhielten die Betreiber etwa 5 Milliarden Euro Einspeisungsgebühr im Jahr. Dadurch wurden nach Angaben des Bundesverbandes „Windenergie" etwa 118.000 Arbeitsplätze in der Windkraftindustrie unterstützt. Nach diesen Angaben wäre jeder Arbeitsplatz mit 42.000 Euro pro Jahr subventioniert worden. Die Arbeitsplätze sind keine sich selbst tragenden, sondern zurzeit noch hoch subventionierte Stellen, deren dauerhafte Rentabilität nicht sicher ist.

Das Problem dieser Energieversorgung liegt in der starken Schwankung der erzeugten Leistung. Beim Netzbetreiber „Energieversorgung-Weser-Ems (EWE)" an der Nordseeküste, der bei gutem Wind mehr als 20 Prozent seiner Energie aus Windkraft bezieht, kann dies an einem stürmischen Wintertag zu einem überraschenden Ereignis führen: Die Windkraftbetreiber teilen dem Netzbetreiber mit, dass sie alle Anlagen stilllegen müssen, weil der Sturm zu stark wird und die Windräder andernfalls beschädigt würden. Also muss der Netzbetreiber innerhalb einer halben Stunde Ersatz finden. Er muss für diesen Fall vorsorgen und entsprechend viele Kohle- oder Gaskraftwerke in Betrieb halten. Deren Leistung kann schnell hochgefahren werden, um den Ausfall der Windkraft zu kompensieren.

Da sich der ständig wechselnde Wind nicht nach der zu jeder Sekunde zu erfüllenden Stromnachfrage richtet, müssen Windkraftwerke also von vornherein durch ein konventionelles Kraftwerk ergänzt werden. Diese Reservekapazität muss zugeschaltet werden, wenn Windstille herrscht oder die Winde schwach wehen oder wenn die Rotoren bei Sturm abgeschaltet werden müssen. Die hierfür benötigte

Reserveleistung muss mehr als 90 Prozent der installierten Windleistung betragen.

Zusätzlich wird eine schnelle zusätzliche „Regelkapazität" benötigt, die die kurzzeitigen Windfluktuationen auszugleichen hat. Da die Windenergie nach der gesetzlichen Bestimmung stets prioritär abgenommen werden muss und sich deshalb an der Regelung nicht beteiligt, ist die Leistung konventionell bereitzustellen. Die verfügbare Regelleistung muss bei etwa 20 Prozent der Spitzenleistung der Windkraftanlagen liegen. Diese schnellen Reserven sind ständig vorzuhalten, da der Netzbetreiber den Zeitpunkt des maximalen Abrufes nicht kennt. Die Kosten der Reservekraftwerke trägt der Verbraucher, ebenso wie die Gebühren für nicht gelieferten Strom, die weiter der Windkraftbetreiber erhält.

Insgesamt bedeuten die beiden Anforderungen, dass man mit dem Aufbau der Windkraft nicht die Kapitalkosten der konventionellen Kraftwerke, sondern nur ihre Brennstoffkosten einspart. Dafür hat man den Vorteil, dass kein CO_2 erzeugt wird. Allerdings kann wegen der je nach Windstärke schwankenden Erzeugung die Windkraft nur einen geringen Teil an gesicherter Leistung zur Verfügung stellen. Weltweit liegt die Nennleistung aller Anlagen zurzeit bei 320 Gigawatt. Damit die Windkraft weltweit in die Größenordnung der Elektrizitätserzeugung durch Wasserkraft kommt, werden noch mindestens 20 Jahre benötigt.

Beim Ausbau der Windnutzung ist heute China führend mit einer Nennleistung der installierten Maschinen von 91 Gigawatt. Es folgen die EU mit 76 Gigawatt, USA mit 61 Gigawatt und Indien mit 18 Gigawatt. In Europa sind Deutschland mit 34 Gigawatt und Spanien mit 23 Gigawatt führend. Besonders bevorzugt durch seine langen Küsten an der Nordsee ist Dänemark, das bis zu 40 Prozent seines Strombedarfs aus Windkraft deckt. Wenn dort zeitweise zu viel Windstrom anfällt, wird er zur Heizung der Fernwärmesysteme benutzt.

Die Installationen von Windrädern in asiatischen Ländern dienen oftmals dazu, Orte, die bisher keinen Anschluss an das Stromnetz hatten, mit elektrischer Energie zu versorgen. So versorgen seit 2005 15 Anlagen in der nördlichen Provinz Ilocos Norte der Philippinen mit 25 Megawatt Nennleistung eine bisher stromlose Gegend. Finanziert wurde das Projekt durch einen Kredit der dänischen Regierung. Eine ähnliche Größenordnung hat die ebenfalls im Jahr 2005 fertiggestellte Anlage mit 25 Windrädern zu je zwei Megawatt Nennleistung an der pazifischen Küste Taiwans, die ein deutsches Unternehmen lieferte.

Die Nutzung der Windkraft in Deutschland findet dann ihre Grenze, wenn die günstigen Standorte an der Nordseeküste flächendeckend mit Anlagen überzogen sind. Die deutsche Nordseeküste bietet über etwa 160 Kilometer Länge die optimalen Standorte. Die Hälfte der 25.000 deutschen Windräder an dieser Küste genügt, um die Küstenlinie mit einer Perlenschnur von Mühlen in 16 Meter Abstand zu bedecken, manchmal angeordnet in zwei oder drei Reihen.

Deshalb wird jetzt daran gearbeitet, eine Reihe von Windrädern vor die Küste ins Meer zu stellen; der Anlagentyp wird „*off-shore*" genannt. Vom Standpunkt der Windkraftbetreiber ist dies sinnvoll, weil die Winde vor der Küste stärker wehen. Die Zahl der Vollast-Stunden auf See wird mit 3500 gegenüber 1600 an der Küste angenommen. Das geschützte Wattenmeer sollte nicht belastet werden, und auf Wunsch der Tourismusindustrie sollten die Windräder vom Ufer aus nicht zu sehen sein. Deshalb haben die Ministerien die Gebiete für Off-shore-Anlagen in 40 Kilometern Entfernung von der Küste im 40 Meter tiefen Wasser ausgewiesen. Nach einer Studie der deutschen Energieagentur dena könnten bis zum Jahr 2020 Windkraftanlagen mit einer Spitzenleistung von 20 Gigawatt und zusätzliche Anlagen an Land mit elf Gigawatt installiert werden. Die auf See zu errichtenden Windkraftwerke sind allerdings wesentlich teurer und müssen ihren Strom mithilfe von Seekabeln erst an Land bringen und dann auf der Höchstspannungsebene in die Verbrauchszentren liefern. Die bisherigen Netze sind noch nicht für diese neue Aufgabe gerüstet. Für den vorgesehenen Windkraftausbau müssen deshalb über einige Tausend Kilometer neue Hochspannungsleitungen in der See und auf dem Land in mehreren neuen Trassen errichtet werden. Die Verlegung der Unterwasserkabel und die Installation der Konverteranlagen und Umspannstationen auf See und an der Küste sind technisch schwierig und kostspielig. Daran liegt es, dass bis zum Februar 2015 zwar Off-shore-Windkraftanlagen mit einer Nennleistung von 1,5 Gigawatt vor der deutschen Küste aufgebaut waren, aber nur ein Viertel davon wirklich Strom ans Land lieferte. Auch die Trassen an Land sind verzögert, weil die Genehmigungsverfahren viele Jahre oder gar Jahrzehnte dauern können. Ob das erklärte Ausbauziel von 20 Gigawatt bis 2020 erreicht wird, ist unklar. Die Politik rückt von diesem Ziel bereits ab. Es gibt auch Umweltschützer, die den Standpunkt vertreten, nicht nur das Watt, sondern auch das Meer müsse vor solchen industriellen Anlagen geschützt werden.

Ein Konflikt zwischen zwei Arten von Umweltschutz tritt damit zu Tage: lokaler Schutz des Watts als Biosphäre hier, globaler Schutz der Atmosphäre vor Treibhausgas dort. Dieser Konflikt ist inhärent und nur von Fall zu Fall lösbar. Das lokale Interesse einer kleinen Region steht im Gegensatz zum globalen Interesse der Weltbevölkerung. Dazu müssen wir uns über das Ziel einigen. Ein portugiesisches Sprichwort sagt: *„Quando se navega sem destino, nenhum vento é favoravel"* – wenn du ohne Ziel segelst, ist kein Wind günstig.

Wenden wir uns deshalb wieder dem Festland zu. Gibt es da eine weitere regenerative Energiequelle?

2.3 Biomasse und Biogas

Der Wald ist für uns Deutsche ein archetypischer Ort, ein Symbol für die Natur als Mutter und gleichzeitig als Feindin. Dort hausen Riesen und Zwerge, Bären und Wölfe, Hexen und Feen. Wer unbeschadet aus dem Wald wieder herauskommt, gewinnt die Königstochter und macht sein Glück. Die Märchen spiegeln die Geschichte unserer germanischen Vorfahren, die in einem waldreichen Land aufwuchsen und ihre Siedlungen in gerodeten Freiflächen inmitten von Wäldern bauten.

Als die Bevölkerung im Mittelalter wuchs, brauchte sie mehr Brennholz und mehr Ackerfläche. So wurden die Eichen- und Buchenwälder, in denen die Schweinehirten ihre Herde zur Weide trieben, teilweise gerodet. In den Wäldern brannten ununterbrochen die Kohlenmeiler. Dort gewannen die Köhler durch Verbrennung von Holz bei 270 Grad Celsius unter Luftabschluss die wertvolle Holzkohle, die zum Heizen ohne Flammenentwicklung genutzt werden konnte. Der Beruf des Köhlers muss weit verbreitet gewesen sein, das zeigen die häufigen Namen wie Kohler, Köhlmann oder Kehlmann. Innerhalb von 500 Jahren ging die bewaldete Fläche von 70 Prozent auf 20 Prozent der Gesamtfläche zurück. Erst ab dem 18. Jahrhundert bildete sich eine sorgfältige – heute würde man sagen „nachhaltige" – Forstwirtschaft heraus, die auf die Erhaltung und Umgestaltung des Waldes ausgerichtet war. In dieser Periode wurden vorwiegend die schnellwachsenden Fichten gepflanzt, um den Holzbedarf der sich entwickelnden Industrie zu decken. So ist der größte Teil unserer heutigen Wälder ein vom Menschen gemachtes Kulturprodukt „Forst", kein „natürlicher" Urwald. Am Beispiel der Wälder der sächsischen Schweiz wurde dies untersucht. Der Urwald im Jahr 1600 bestand danach zur einen Hälfte aus Eichen und Buchen, zur anderen aus Nadelholz, überwiegend Tannen. Heute stehen dort nur noch zehn Prozent Tannen und zehn Prozent Laubbäume, hingegen 60 Prozent Fichten und 20 Prozent andere Nadelhölzer. Dabei bilden manche Fichtenwälder reine Holzfabriken, die aufgrund der Versauerung der Böden krankheitsanfällig sind. Mischwälder aus Laub- und Nadelhölzern sind dagegen unempfindlicher gegen Umwelteinflüsse.

Heute bedeckt der Forstwald in Deutschland mit 110.000 Quadratkilometern etwa ein Drittel der Fläche des Landes. Der Bestand an Holz entspricht 3,4 Milliarden Kubikmetern und wächst stetig an. Der kontrollierte Holzeinschlag bildet die Basis einer holzverarbeitenden Industrie mit 1,3 Millionen Beschäftigten und einem Umsatz von 180 Milliarden Euro pro Jahr. Der deutsche Wald wächst schnell. Von den 90 Millionen Kubikmetern, die jährlich nachwachsen, wird nur die Hälfte geschlagen.

Das Waldsterben findet nicht statt.

Nicht in allen Ländern war der Umgang mit dem Wald so sorgfältig und nachhaltig wie in Deutschland. Im Altertum beruhte die militärische Macht auf Schiffen, für deren Herstellung die Griechen ganze Landstriche in Attika und auf dem Peloponnes entwaldeten. Da sie diese Flächen nicht wieder systematisch aufforsteten, war die dünne Mutterbodenschicht in den Bergen bald ausgetrocknet und erodiert. Trockenheit, Wind und Wetter führten im Lauf der Jahrhunderte zur Verkarstung, d. h. zum Verlust des Nährbodens. In diesen Gegenden war damit auch später keine Aufforstung mehr möglich. Auf diesen Böden wächst heute nur noch niedriges Gebüsch, die Macchia.

Auch die Römer – ebenso wie später die Seemächte Genua, Pisa und Venedig – bauten ihre Flotte auf Kosten der Wälder auf. So erforderte der Nachbau von Schiffen für die venezianische Flotte riesige Mengen von Bäumen, die aus den Provinzen Venedigs beschafft wurden: Dafür wurde die dalmatinische Küste im heutigen Kroatien bis zum südlichsten Ort Ragusa, dem heutigen Dubrovnik, entwaldet und erlitt dasselbe Schicksal wie die anderen Regionen des Mittelmeerraums: Sie verkarstete.

Heute sind die übriggebliebenen oder aufgeforsteten Wälder im Mittelmeerraum zunehmend bedroht. Die steigenden Temperaturen, die Abnahme der Niederschläge bei extremer Trockenheit, unterbrochen durch gelegentliche Perioden mit Starkregen, haben die Zahl und das Ausmaß der Waldbrände in Spanien, Portugal, Südfrankreich und Italien ansteigen lassen. Es dauert hundert Jahre, bis der Pinienwald wieder nachgewachsen ist, der im Juli 2005 in Spanien verbrannte. 12.000 Hektar Wald waren in drei Tagen zerstört, elf Feuerwehrleute fanden den Tod. Natur-

schützer sprachen von der schlimmsten Umweltkatastrophe
in der Geschichte des Naturparks Alto Tajo. Auch in Portugal wurden im Sommer 2005 30.000 Hektar Wald durch
Brände zerstört, auf einer Fläche größer als die Insel Malta
finden sich nur noch verkohlte Reste der Bäume. Die insgesamt im Mittelmeerraum jährlich abbrennende Waldfläche
ist noch zehnmal größer.

Ähnlich sieht es in Nordamerika aus: Im März 2006 wü-
tete einer der schlimmsten Flächenbrände in Texas, er zerstörte auf 4000 Quadratkilometern Bäume und Sträucher;
die verbrannte Fläche entspricht der Insel Mallorca. Mindestens elf Menschen kamen um. Die Aerosolwolke war von
Satelliten aus zu beobachten, sie bedeckte einen großen Teil
des Kontinents. In den Vereinigten Staaten richtet der Verlust von Wald besonders großen Schaden an, weil nur noch
ein Zehntel der ursprünglichen Bewaldung vorhanden ist.
In nur 200 Jahren seit der Eroberung des Kontinents ver-
nichteten die europäischen Siedler 90 Prozent des Bestandes.

Weit größer noch ist die Ausdehnung der Brände in
Russland, Südamerika und der südlichen Hälfte Afrikas.
Weltweit geht jedes Jahr eine bewaldete Fläche von der
Größe Indiens verloren; nach Untersuchungen der Um-
weltagentur der Vereinten Nationen UNEP wird dabei eine
Milliarde Tonnen CO_2 emittiert.

Schon in früheren Zeiten der Menschheitsgeschichte
spielte die Rodung des Walds eine verhängnisvolle Rolle. So
wurde z. B. der Zusammenbruch der Maya-Kultur um 900
n. Chr. nach Untersuchungen von Jared Diamond durch
Entwaldung und Wassermangel verursacht: Die wachsende
Bevölkerung konnte nicht mehr ernährt werden, die Ober-
schicht kapselte sich ab und reagierte nicht auf das Problem
– die Maya-Zivilisation ging zu Ende.

Einem solchen Schicksal entging Japan im 17. Jahrhundert. In der Togukawa-Periode wurde der Entwaldung Einhalt geboten und das Bevölkerungswachstum begrenzt, sodass die natürlichen Lebensgrundlagen erhalten blieben und für die Ernährung der Bevölkerung ausreichten.

Alle Wälder der Erde bilden ein wichtiges Glied im Kohlenstoffkreislauf der Natur. Von den Wäldern und der übrigen Vegetation der Erde wird etwa ein Prozent des einfallenden Sonnenlichts genutzt, um aus dem Kohlendioxid der Luft und dem Wasser in den Pflanzenzellen durch Photosynthese Biomasse und Sauerstoff zu erzeugen. Weltweit werden auf diese Weise jährlich auf dem Land etwa 120 Milliarden Tonnen trockene Biomasse, im Meer eine entsprechende Menge von etwa 60 Milliarden Tonnen neu gebildet. Im natürlichen Kohlenstoffkreislauf wird weltweit jährlich etwa die gleiche Menge Biomasse durch Verwesung wieder zu Kohlendioxid und Wasser umgewandelt. Dieser zyklische Prozess spielt sich im Halbjahresrhythmus ab: Im Sommer bauen die Pflanzen den Kohlenstoff in ihre neuen Triebe ein und entziehen der Luft Kohlendioxid. Im Winter setzt dieser Prozess aus. In den Tropen, d. h. am Äquator und den angrenzenden Gebieten, gibt es keinen Winter, das Wachstum geht ohne Unterbrechung vor sich. Deshalb ist dort der Zuwachs an trockener Biomasse mit 22 Tonnen pro Hektar und Jahr fast doppelt so groß wie in den gemäßigten Zonen. Er beträgt dort 12 Tonnen, in den nördlichen Ländern nur acht Tonnen.

Die größten Kohlenstoffspeicher sind die Regenwälder in äquatorialen Gebieten von Südamerika, Afrika und Asien. Sie sind gefährdet durch den Holzeinschlag und die Rodung zur Gewinnung von landwirtschaftlicher Fläche und die Gewinnung von Agroenergie.[1]

Die Anpflanzung von schnellwachsenden „Energiepflanzen" beruht auf der Idee, einen Teil der entstehenden Biomasse zur Erzeugung von elektrischer Energie zu verwenden. Dieses Verfahren ist im Ergebnis klimaschonend, wenn das durch Verbrennung oder Verwesung entstehende Kohlendioxid wieder von entsprechend vielen nachwachsenden Pflanzen aufgenommen wird. Als Biomasse in diesem Sinn versteht man nachwachsende Rohstoffe wie Holz, Getreide, Raps, Mais, organische Reststoffe wie Unterholz und Stroh und organische Abfallstoffe aus der Landwirtschaft und aus der Holzverarbeitung ebenso wie Klärschlämme aus Deponien. Ob man allerdings die Verbrennung von Hausmüll als regenerative Energienutzung ansehen kann, ist umstritten. Denn der Müll enthält auch viele Produkte wie Plastik, die aus Erdöl hergestellt sind und deshalb nicht „nachwachsen". Vielfach muss sogar dem Müll bei der Verbrennung noch Öl oder Kohle zugesetzt werden, damit er überhaupt brennt und dabei die hohe Temperatur erreicht, die zur vollständigen und dioxinfreien Verbrennung nötig ist. Anstelle von Öl wird dabei häufig der Inhalt der gelben Säcke zugesetzt, die vorher der umweltbewusste Verbraucher sorgfältig mit abgetrenntem Plastikmaterial gefüllt hat.

Bei einer alternativen Umwandlung von Biomasse durch mikrobakterielle Vergasung unter Luftabschluss entsteht Biogas, das zu 60 Prozent aus Methan und zu 40 Prozent aus Kohlendioxid besteht. Dieser Methananteil am Biogas muss vollständig verbrannt werden. Denn wenn das Methan in die Luft entweicht, ist der resultierende Treibhaus-

---

[1] https://www.pro-regenwald.de/7ursachen.

effekt in der Atmosphäre 20-mal größer als der einer entsprechenden Menge an Kohlendioxid.

Die Nutzung von Biomasse zur Energieerzeugung ist dadurch begrenzt, dass zuerst die Ernährung der immer noch wachsenden Weltbevölkerung von sieben Milliarden Menschen in dauerhaft bodenerhaltender Landwirtschaft sichergestellt sein muss und dass weiterhin der Bestand der vorhandenen Wälder in forstwirtschaftlicher Nutzung garantiert ist. Der zweite Punkt ist nicht erfüllt: Die Regenwälder in Südamerika, Afrika und Asien, beispielhaft in Indonesien und Brasilien, leiden unter Raubbau zum Holzexport und unter der Brandrodung zur Gewinnung von Ackerflächen, u. a. zum Anbau von Zuckerrohr und zur Gewinnung von Palmöl oder Ethanol. Die Auswertung von Satellitenbildern durch Gregory Asner vom Carnegie Institut in Stanford zeigt das Ausmaß der Schädigung in den Jahren 1999 bis 2002: Durch selektiven Holzeinschlag wurde der Wald auf einer Fläche von 15.000 Quadratkilometern pro Jahr zum Trockenwald; gleichzeitig wurde eine große Fläche durch Brandrodung komplett entwaldet. In Indonesien geht beim verbotenen Abbau von Edelhölzern wie Teak, Mahagoni und Merbau im Jahr eine Fläche von der Größe der Schweiz verloren, in Brasilien sind in 40 Jahren Flächen der doppelten Größe Frankreichs verödet. Diese Schäden bewirken wohl einen so großen Verlust an Wald, dass er durch die bescheidenen Biomassenutzungen zur Energieerzeugung nicht kompensiert werden kann.

Die Regenwälder im Äquatorialgürtel sind weiterhin dadurch gefährdet, dass die Förderung von Erdöl vorangetrieben wird. Allerdings ist in diesen Ländern eine oberlehrerhafte Einmischung von außen unerwünscht. So wurde einer Gruppe von Bundestagsabgeordneten, die in Ecuador

gegen die Ölförderung im Regenwald des Yasuni-National-
parks protestieren wollten, die Einreise verweigert, und die
umweltpolitische Zusammenarbeit mit Deutschland wurde
von Ecuador beendet, die Entwicklungshilfe zurückgezahlt.
Der Außenminister Ecuadors empfiehlt den Bundestagsabgeordneten einen Kurs über das Selbstbestimmungsrecht
der Völker und gegenseitigen Respekt.

Der Wunsch nach wirtschaftlicher Entwicklung steht
überall im Konflikt mit der Erhaltung des bestehenden natürlichen Zustandes.

Die Anteile der Stromerzeugung aus Biomasse liegen in
den meisten Ländern der Erde im Bereich von einem Prozent – in Deutschland wuchs der Beitrag von Biogasanlagen
und Müllverbrennung in den letzten Jahren. Im Jahr 2014
betrug er acht Prozent, doppelt so viel wie der Strom aus
unseren Wasserkraftwerken. Die unübersehbaren Mono-
kulturen von riesigen Maisfeldern sind der Preis dafür.

Die Biomasse wird auch verwendet, um Ersatzkraftstoffe
herzustellen, wie in einem der folgenden Kapitel behandelt
wird.

Wenden wir uns jetzt der unerschöpflichen Energie der
Sonne zu.

2.4 Solarthermie – Wärme von der Sonne

Die Sonne ist die große Lebensspenderin. In Deutschland
wird sie als weibliche Kraft gesehen, in südlichen Gegenden
als mächtiger und gefährlicher Mann. Bei den Ägyptern
ist der Sonnengott Ra der mächtigste aller Götter, bei den
Griechen der Sonnengott Helios.

Im Christentum verliert die Sonne ihren göttlichen Charakter, sie wird zu einem von Gott geschaffenen Naturphänomen. „Ich fragte Sonne, Mond und Sterne, sie sprechen: Wir sind nicht Gott, den du suchst", heißt es in den „Bekenntnissen" des Augustinus.

Damit war die Sonne entmythologisiert. Doch erst im 20. Jahrhundert verstanden die Physiker, woher die Energie der Sonne kommt. Hans A. Bethe und Carl-Friedrich von Weizsäcker berechneten die zyklischen Prozesse in der Sonne. Hier verschmelzen bei einer Temperatur von mehr als 15 Millionen Grad Celsius vier Kerne von Wasserstoffatomen – Protonen – zu einem Heliumkern, wobei zwei positiv geladene Elektronen („Positronen") und zwei Neutrinos emittiert werden. Da die Masse der entstehenden Teilchen kleiner als die der vier Protonen ist, wird die Massendifferenz m in Energie E umgewandelt. Nach der Einstein'schen Beziehung $E = mc^2$ entsteht so die Sonnenenergie, die in Form von Positronen, Neutrinos und Wärmestrahlung die Sonne verlässt und auf der Erde auftrifft.

Alle Anteile dieser Strahlung sind auf der Erde nachgewiesen worden, als letzte in den 1990ern die Sonnenneutrinos. Das Gallium-Experiment, das Till Kirsten vom Heidelberger Max-Planck-Institut leitete, konnte in einer zehnjährigen Messung in einem Tunnel unter dem Gran-Sasso-Massiv in Italien die Zahl der auf die Erde treffenden Neutrinos aus der Fusionsreaktion bestimmen. Ihre Anzahl entspricht derjenigen, die nach dem Bethe-Weizsäcker-Prozess berechnet worden war. Die Neutrinos geben uns genaue Auskunft über die Prozesse im heißen Inneren der Sonne, während das Licht und die Wärmestrahlung von der relativ „kühleren" Oberfläche der Sonne stammen, die eine Temperatur von „nur" etwa 6000 Grad hat.

Seit etwa fünf Milliarden Jahren verbrennt die Sonne auf diese Weise ihren Wasserstoff zu Helium. Zurzeit enthält sie etwa 73 Prozent Wasserstoff und 25 Prozent Helium. Beide Elemente existieren bei diesen extrem hohen Temperaturen nur als Plasma, das bedeutet, dass die Kerne der Atome und die Elektronen der Atomhülle voneinander getrennt sind und sich unabhängig bewegen können. In der innersten Zone der Sonne, die etwa ein Prozent des gesamten Volumens einnimmt, laufen bei Temperaturen von etwa 15 Millionen Grad die Fusionsreaktionen ab und setzen die Kernenergie frei. In der diese Kernzone umgebenden Kugelschale wird sie zum Außenrand hin transportiert, indem elektromagnetische Strahlung durch das Plasma bis zu einer Entfernung von drei Vierteln des Sonnenradius vordringt. Je weiter man sich vom Zentrum entfernt, desto kühler wird es. Auch der Druck, der in der Kernzone das Hundertmilliardenfache des Atmosphärendrucks bei uns auf der Erde beträgt, nimmt nach außen stetig ab. In der nächstfolgenden Kugelzone wird die Wärme durch das Plasma selbst nach außen transportiert, es bilden sich Blasen und Wirbel. Das Licht, das wir auf der Erde sehen, stammt aus der sich daran anschließenden dünnen Schicht, die Photosphäre genannt wird.

Die Photosphäre strahlt wie ein 6000 Grad heißer Körper seit Jahrmillionen ihre Energie ins All. Auf der Erde, in 150 Millionen Kilometern Entfernung, kommt davon in der oberen Atmosphäre über dem Äquator um die Mittagszeit eine Leistung von 1,36 Kilowatt pro Quadratmeter an. Im Sonnengürtel um den Äquator bis zu geographischen Breiten von 30 bis 40 Grad finden sich Standorte mit 2000 bis 2600 Sonnenstunden im Jahr. Das ergibt ein technisches Potenzial zur jährlichen solarthermischen Stromerzeugung von 280 Millionen Kilowattstunden (280 Gigawatth) pro Quadratkilometer im äquatorialen Afrika oder 50 bis 100 Gigawatth in Nordafrika. Auch das südliche Spanien, die andalusische Küste, bietet noch gute Möglichkeiten.

Warmwasserbereitung

Die einfachste und effektivste Möglichkeit, Sonnenenergie zu nutzen, ist die Warmwasserbereitung für den Haushalt. Das durch Rohre auf dem Dach fließende Wasser wird durch die Sonnenstrahlen erwärmt und in einem wärmeisolierten Behälter gespeichert. In südlichen Ländern sind solche Anlagen weit verbreitet, meistens sind auch die Speicher auf dem Dach angebracht. Der Warmwasserbedarf eines Haushalts kann so gedeckt werden, elektrische Boiler werden im Sommer nicht gebraucht.

Stromerzeugung mit Solarthermie

Weit aufwendiger ist die Erzeugung von Strom mit Solarthermie. Solarthermische Kraftwerke nutzen die Sonneneinstrahlung mit riesigen Spiegelsystemen. Sie konzentrieren die direkte Sonneneinstrahlung so stark, dass man damit eine geeignete Flüssigkeit erhitzen kann. Mit synthetischem Öl lassen sich Temperaturen von 400 Grad Celsius erreichen, mit anderen Speichermaterialien bis zu 1200 Grad. Mit dieser Wärme wird Wasser verdampft, das in einer der üblichen Dampfturbinen Strom erzeugt. Die Spiegelsysteme können verschiedene Formen haben, von denen drei erprobt sind (Abb. 2.7): Spiegelflächen mit Solartürmen, parabolförmige Rinnen und parabolische Hohlspiegel. Die Parabolrinnenkraftwerke enthalten in der Brennlinie der

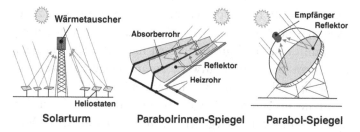

Solarturm Parabolrinnen-Spiegel Parabol-Spiegel

Abb. 2.7 Prinzip der Wärmekonzentration bei Solarkraftwerken

Abb. 2.8 Parabolrinnenkraftwerk in der Mojave-Wüste, Kalifornien

trogförmigen Spiegel ein Rohr, in dem eine Flüssigkeit auf 400 Grad erhitzt wird (Abb. 2.8). Die heiße Flüssigkeit aus Thermo-Öl treibt eine Dampfturbine an. Mit parabolischen Hohlspiegeln werden zwei verschiedene Kraftwerkstypen gebaut: Einzelspiegel mit Durchmessern von zehn Metern sind für kleine Leistungen zur lokalen Nutzung bestimmt, während große Flächen mit einzelnen Spiegeln zu einem Solarturmkraftwerk zusammengefasst werden. Diese Spiegel werden als „Heliostaten" so mit dem Sonnenstand mitgeführt, dass ihr Brennpunkt immer auf der Spitze eines zentral gelegenen Turms liegt (Abb. 2.7). Dort wird Luft, Salz oder Dampf auf 800 Grad erhitzt, und diese Wärme dient zum Antrieb einer Dampf- oder Gasturbine. Die Leistung eines solchen Kraftwerks kann 20 Megawatt erreichen.

Solarthermische Kraftwerke sind in Mittel- und Nordeuropa nicht ausreichend effektiv. Aufgrund der geringeren Sonneneinstrahlung ist das Verhältnis von elektrischer Leistung zu den Investitionskosten relativ ungünstig. Im Sonnengürtel der Erde dagegen kann man solarthermische Kraftwerke zur Erzeugung von Solarstrom nutzen. Zwischen 1984 und 1991 wurden in der Mojave-Wüste in Kalifornien auf einer Fläche von sieben Quadratkilometern neun Kraftwerke nach dem Parabolrinnenprinzip gebaut (Abb. 2.8). Die Spiegelfläche beträgt 2,3 Millionen Quadratmeter, die elektrische Spitzenleistung 350 Megawatt. Im Laufe der Entwicklung dieses Kraftwerksparks konnte der Preis zur Erzeugung einer Kilowattstunde dort von 30 auf 12,5 Cent gesenkt werden. Auch in der Almeria-Hochebene in Südspanien wurden Solarkraftwerke gebaut.

Die spanische Regierung vergütete vor zehn Jahren den Strom aus thermischen Solarkraftwerken mit 22 Cent pro Kilowattstunde. Auf der Plataforma Solar di Almeria (PSA) in Andalusien entstanden bis 2011 drei Parabolrinnenkraftwerke. Jedes liefert 50 Megawatt elektrische Spitzenleistung beim höchsten Sonnenstand, zum Investitionspreis von 300 Millionen Euro (Andasol1) bis 400 Millionen Euro (Andasol3). Jedes der Kraftwerke sammelt die Sonnenenergie mit 209.664 Spiegeln, die eine Fläche von 0,5 Quadratkilometern abdecken. Die erzeugte elektrische Energie soll jährlich 110 Mill. kWh erreichen, d. h. es werden etwa 2000 Volllaststunden im Jahr erreicht gegenüber 800 in Deutschland.

Das Problem dieser Anlagen ist die Speicherung der am Tag erzeugten elektrischen Energie. Da die Sonne nur tagsüber scheint, müsste man für eine autarke Anlage die Energie in geeigneten Akkumulatoren speichern, um sie bei Nacht abrufen zu können. Solche Akkumulatoren gibt es noch nicht zu erschwinglichen Preisen; die für Autos verwendeten Bleiakkumulatoren wären viel zu teuer. Beim kalifornischen Projekt behalf man sich deshalb damit, die Versorgung bei Nacht und im Winter durch ein parallel betriebenes Erdgaskraftwerk sicherzustellen. In den kalifornischen Solarkraftwerken stammen daher 75 Prozent der Energie aus der Sonne und 25 Prozent aus der Erdgasverbrennung. Beim spanischen Projekt wird die Energie als Wärme in einem wärmegedämmten Silo gespeichert. Damit kann der Betrieb bei Nacht für siebeneinhalb Stunden aufrechterhalten werden. Der Speicher besteht für jede der Anlagen aus einem Silo für 28.500 t eines speziellen Salzgemischs. Das Salz darf sich nie unter eine Temperatur von 240 Grad abkühlen, weil es dann erstarrt und der ganze Speicher zerstört wird – das wäre ein Totalverlust der eingesetzten Mittel. Eine Zufeuerung im Umfang von 15 Prozent der gesamten Energieproduktion des Kraftwerks mit Erdgas muss dafür sorgen, dass das Salz auch in kalten Winternächten im Temperaturbereich zwischen 250 und 350 Grad flüssig bleibt. Ein weiteres Problem ist der hohe Wasserverbrauch für die Kühlung des Dampfkessels. Er ist mit 7,9 Litern pro erzeugter Kilowattstunde Elektrizität fünfmal größer als bei Kohle – oder Kernkraftwerken, jedes der drei Kraftwerke braucht 870.000 Kubikmeter Wasser pro Jahr, die in Kühltürmen verdampft werden.

Beim Betrieb der Anlagen stellte sich heraus, dass der Aufwand für die Reinigung der Spiegel, die Kosten für Erdgas und Personal und die Kapitalkosten höher waren als vorgesehen. Die Eigentümer mussten massive Verluste in Kauf nehmen, so z. B. die Stadtwerke München einen Verlust von 65 Millionen Euro.

DESERTEC

Ein gigantisches Projekt der Solarthermie nach dem Vorbild von Andasol war der Plan, in Nordafrika Kraftwerke dieser Art mit einer Leistung von mehreren Hundert Gigawatt und Kosten von 400 Milliarden Euro zu bauen. Der in diesen thermischen Solarkraftwerken erzeugte Strom sollte den Bedarf an den Standorten decken und darüber hinaus 17 Prozent des gesamten Bedarfes an Nordeuropa liefern. Dazu wäre es nötig, bis zum Jahr 2050 2500 Quadratkilometer Wüstenfläche mit fokussierenden Spiegeln zu bedecken. Das DESERTEC-Projekt hatte deutsche Initiatoren und große Unternehmen als Geldgeber. Die Idee scheiterte, weil sowohl die Übertragung des Stroms durch Spanien und Frankreich sich als undurchführbar erwies als auch die Rentabilität des ganzen Projekts fragwürdig war. Das Projekt wurde nach dem Austritt der maßgeblichen Firmen im Dezember 2014 beendet.

Für Nordeuropa ist die DESERTEC-Initiative keine praktikable Lösung.

Trinkwasser aus Meerwasser

Kleinere thermosolare Anlagen werden in Marokko, Tunesien und Algerien von den Ländern selbst gebaut. Sie werden lokal gebraucht für die Beleuchtung der Dörfer und für die Trinkwassergewinnung aus Meerwasser mithilfe der Umkehr-Osmose. Meerwasser wird durch eine Folie mit winzigen Löchern gedrückt, die so klein sind, dass die Salzmoleküle NaCl nur zum kleinen Teil durchtreten können, während die Wassermoleküle H_2O ungehindert passieren. Die Methode erfordert eine große Pumpleistung. Das Verfahren wird in zehn oder mehr Stufen durchgeführt, bis das Salz entfernt ist und Trinkwasser übrig bleibt. Diese Art der Entsalzung erfordert sechsmal weniger elektrische Energie als die früher verwendete Verdampfung und Kondensation des Wassers. Damit können die nordafrikanischen Länder ihre rasch wachsende Bevölkerung mit Trinkwasser versorgen.

Fazit: Seit einigen Jahren stockt der Bau von Kraftwerken mit Solarthermie, obwohl die kalifornischen Anlagen ein Erfolg waren und seit ihrem Bau regelmäßig elektrische Energie ins Netz einspeisen. Die Anlagen in Spanien arbeiten am Rande der Rentabilität, und der Ertrag an elektrischer Energie liegt unter den erwarteten Werten.

Wenden wir uns deshalb einer andersartigen Nutzung der Sonnenenergie zu: der Photovoltaik auf der Basis von Solarzellen.

2.5 Photovoltaik – dezentrale Stromquelle

Wenn wir die Energie der Sonne optimal zur direkten Erzeugung von elektrischer Energie nutzen wollten, müssten wir ein Material haben, das ähnlich empfindlich ist wie die Netzhaut des Auges. Das menschliche Auge hat sich im Laufe der Evolution über Millionen Jahre optimal an das Spektrum des von der Sonne ausgesandten Lichts angepasst. Da die Sonne eine Oberflächentemperatur von etwa 6000 Grad hat, emittiert sie elektromagnetische Strahlung über einen großen Bereich: vom ultravioletten, violetten, blauen, grünen, gelben bis zum orangefarbenen und roten Licht und zur infraroten Wärmestrahlung. Die Zerlegung des weißen Lichts in dieses Regenbogenspektrum war Goethe aus den Versuchen seines Vorgängers Newton bekannt. Er schrieb: „Wär nicht das Auge sonnenhaft, die Sonne könnt es nie erblicken."[2]

Die höchste Intensität des von der Sonne emittierten Lichtes liegt bei einer Wellenlänge von 520 Nanometern, also beim gelben Licht, und genau an dieser Stelle liegt auch das Maximum der Empfindlichkeit der Netzhaut im Auge.

Ein chemisches Material mit solchen Eigenschaften gibt es aber nicht. Die Substanzen, die sich für die Umwandlung eignen, sind Halbleiter wie Silizium oder Gallium-Arsenid. Sie sind am empfindlichsten im blauen Bereich des Sonnenspektrums. Dass solch eine Umwandlung überhaupt möglich ist, verdanken wir, wie so oft, einer Zufallsentdeckung.

---

[2] Das Zitat von Goethe stammt aus *„Zahme Xenien"*.

Alexandre Edmond Becquerel experimentierte gerne im Freien mit dem Sonnenlicht – oft auch zusammen mit seinem Vater Antoine César. 1839 fiel ihm ein merkwürdiges Phänomen auf: Eine Batterie ergab mehr Elektrizität, wenn sie der Sonne ausgesetzt wurde. Seine Entdeckung fand keine besondere Aufmerksamkeit; Aufsehen dagegen erregte sein Sohn Henri, der 1898 die Radioaktivität von Pechblende, einem Uranerz, durch einen ähnlichen Zufall entdeckte: Er legte das Erz in einem Schrank neben eine Fotoplatte und wunderte sich, dass sie bei der Entwicklung schwarz wurde, obwohl sie dem Licht nicht ausgesetzt worden war.

Erst 1904 fand Philipp Lenard in Heidelberg heraus, dass bei Bestrahlung mit ultraviolettem Licht im Vakuum Metallplatten Elektronen emittierten, bei Bestrahlung mit rotem Licht aber nicht: Der „photoelektrische Effekt" war gefunden. Albert Einstein erklärte den Effekt im Jahr 1905 damit, dass er das Licht als Abfolge kleiner Pakete von Energie ansah, den „Photonen", die aus dem Metall die schwach gebundenen Elektronen herausschlagen. Mit seiner Idee konnte er erklären, warum ultraviolettes Licht die Elektronen herausschlagen kann, nicht aber rotes: Die ultravioletten Photonen haben mehr Energie als die roten. Für diese Arbeit erhielt Einstein 1921 den Nobelpreis, nicht etwa für die damals noch umstrittene Relativitätstheorie.

Die technische Anwendung des Effekts zur Umwandlung der auf die Erdoberfläche fallenden Lichtenergie in elektrische Energie wurde beschleunigt, als William Shockley, Walter Brattain und John Bardeen den Transistor aus halbleitendem Silizium erfanden. Nun konnte das durch den photoelektrischen Effekt ausgelöste Elektron zur Erzeugung einer elektrischen Spannung verwendet werden. 1954 wurde aus Silizium die erste Solarzelle gebaut und erprobt.

Die Entwicklung der Solarzellen nahm einen rasanten Aufschwung zur Zeit der Ölkrise 1973. Die neue Technik bot die Aussicht, aus Sonnenenergie elektrische Energie zu erzeugen. Die direkte Umwandlung von Sonnenenergie in elektrische Spannung, „Photovoltaik" genannt, bietet eine attraktive Möglichkeit, dezentral jedes Haus bei Sonnenschein mit Elektrizität zu versorgen. Leider hat diese Technik zwei Nachteile: Die Herstellung der Zellen ist teuer und erfordert großen Energieeinsatz, und ohne eine effiziente Speichervorrichtung für die Elektrizität ist der Strom nur bei Sonnenschein im Sommer, aber nicht bei Nacht oder im Winter verfügbar. Wenn es Akkumulatoren mit einer 20-mal höheren Ladekapazität als Bleiakkumulatoren zum selben Preis gäbe, wäre die dezentrale Versorgung im Sommer mit Solarzellen praktikabel. Die besten Akkumulatoren nutzen das leichte Metall Lithium, aber diese Batterien sind noch teuer. Deshalb speisen die meisten Besitzer von Solaranlagen bei Sonnenschein den erzeugten Strom ins Netz ein, kassieren die hohe Einspeisungsgebühr nach dem EEG und nutzen am Abend und bei Nacht den Strom aus dem Netz. Ihre Versorgung ist also nicht dezentral, dafür aber profitabel für die Eigentümer. Die Kosten zahlen die anderen Stromabnehmer.

Für die Herstellung der Solarzellen wird reines Silizium benötigt, bei dessen Herstellung aus Quarzsand sehr viel elektrische Energie verbraucht wird. Der Wirkungsgrad der Umwandlung von solarer Energie in elektrische Energie ist durch physikalische Gesetze beschränkt. Die Solarzellen mit dem höchsten Wirkungsgrad (16 Prozent für

Großer Energieaufwand zur Herstellung:

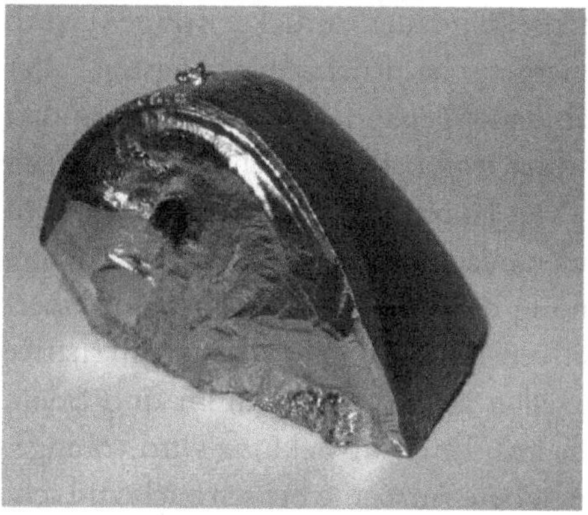

Rückgewinnung bracht 3-5 Jahre, ab dann positive Ökobilanz

Abb. 2.9 Siliziumkristall aus der Schmelze

monokristalline Zellen) sind gleichzeitig diejenigen, zu deren Herstellung am meisten Energie aufgewendet werden muss. Das Ausgangsmaterial Quarzsand muss zunächst gereinigt und dann geschmolzen werden. In einem zeitraubenden Verfahren wächst dann der Einkristall aus der Schmelze (Abb. 2.9).

Er wird zu dünnen Scheiben oder Englisch „Wafers" zersägt. Wenn man den Kristallisationsprozess abkürzt, erhält man polykristallines Silizium. Für Zellen aus diesem Material ist der Wirkungsgrad niedriger, gegenwärtig liegt er bei 13 Prozent. Bei der Herstellung von Zellen mit einer dünnen Schicht aus amorphem Silizium benötigt man weniger von dem teuren Material, der Wirkungsgrad liegt dann bei 9 Prozent.

Aus einer detaillierten Studie für das Schweizer Bundesamt für Energie von Jungbluth und Frischknecht geht hervor, nach welcher Betriebszeit die zur Herstellung der

Zellen aufgewendete Energie bei der in unseren Breiten herrschenden Sonnenscheindauer zurückgewonnen wird. Diese Zeit wird energetische Rückgewinnungszeit oder energetische Rückzahldauer genannt. Für Anlagen mit drei Kilowatt Spitzenleistung ergibt sich bei Schrägdachanlagen eine Dauer von etwa vier Jahren, bei Flachdachanlagen fünf Jahre und bei Fassadenanlagen fünf bis sechseinhalb Jahre bis zur Rückgewinnung der Energie, d. h. bis zum Übergang zu einer positiven Energiebilanz. Eine Alternative bieten Dünnschichtzellen aus Kupfer, Indium und Selen, auch CIS-Zellen genannt. Ihre Entwicklung wird vorangetrieben, weil sie eine höhere Ausbeute bei schwachem Licht haben und damit in nördlichen Breiten das Licht in den Morgen- und Abendstunden besser ausnutzen.

Solarzellen eignen sich besonders zur Stromerzeugung an isolierten Orten, so z. B. auf Satelliten, auf einsamen Bergbauernhöfen und anderen Wohngebäuden ohne Netzanschluss. Auch zur Stromversorgung z. B. von Handys und Taschenrechnern sind sie nützlich. In Deutschland, wo die Einstrahlung der Sonne pro Jahr und Quadratmeter am Erdboden etwa 1000 Kilowattstunden beträgt, kann aus einer Solarzelle mit einer Fläche von einem Quadratmeter im Jahr eine elektrische Energie von etwa 85 Kilowattstunden gewonnen werden. Damit kann man eine 100-Watt-Glühbirne zweieinhalb Stunden pro Tag betreiben.

Durch das EEG wurde dem Betreiber für eine kleine Anlage bei Installierung bis zum Jahr 2006 ein Netzeinspeisungspreis von etwa 50 Cent pro Kilowattstunde garantiert, also etwa das Dreifache des üblichen Preises für Kleinabnehmer oder das Zehnfache des Großhandelspreises an der Leipziger Strombörse. Die Einspeisungsvergütung von 46 Euro pro Jahr aus einer Zelle mit einem Quadratmeter Fläche entsprach damals einer Verzinsung von acht Prozent bezogen auf den Kapitaleinsatz des Betreibers von 500 Euro. Die Kosten trug und trägt die Solidargemeinschaft der übrigen Stromabnehmer bis heute. Übliche Anlagen für Eigenheime haben 50 bis 200 Quadratmeter Solarzellen und kosteten damals 25.000 bis 100.000 Euro. Anlagen mit Solarzellen von deutschen Herstellern mit Montage und Wechselrichter kosteten damals also mehr als acht Euro pro installierter Nennleistung von einem Watt. Diese hohen Investitionskosten rechneten sich aber für die Betreiber durch die sehr hohen Einspeisungsgebühren von mehr als 50 Cent pro Kilowattstunde nach dem EEG-Gesetz. Diese kamen bei der Entstehung des Gesetzes durch massiven Einfluss von deutschen Solarlobbyisten zustande, wie in Abschn. 4.1 über das EEG noch geschildert wird.

Die chinesischen Hersteller von Silizium-Solarzellen entdeckten unseren subventionierten Markt und bauten innerhalb weniger Jahre Fertigungskapazitäten in China auf, die die Zellen zu immer günstigeren Preisen herstellten. Heute sind die Preise für chinesische Module zehnmal niedriger als die früheren deutschen Preise. Damit eroberten die chinesischen Unternehmen Yingli, Trina und LDK in kurzer Zeit den deutschen und internationalen Markt. Zu diesen Bedingungen kann kein deutsches Unternehmen mitbieten, sodass die meisten deutschen Firmen in Insolvenz gingen. Solarworld mit seinem Chef Frank Asbeck überlebte bisher, Asbeck versucht die chinesische Konkurrenz durch Strafzölle wegen Dumpings zu bremsen. Er erreichte, dass die EU-Kommission in einem Abkommen mit den chinesischen Herstellern im Sommer 2013 einen Mindestpreis von 56 Cent pro Nennleistung von einem Watt vereinbarte.

In Deutschland hat die Photovoltaik dank der staatlichen Förderung hohe Zuwachsraten. Die bis heute installierte Kraftwerksleistung beträgt 38 Gigawatt, die Anlagen tragen bei Tag knapp sechs Prozent zum Strombedarf bei. Die Einspeisungsgebühren des EEG wurden regelmäßig herabgesetzt. Da die garantierte Einspeisungsgebühr aber für 20 Jahre gewährt wird, geht ein großer Teil der Subvention von 10,5 Milliarden Euro im Jahr 2014 an die Betreiber der Altanlagen aus den ersten Jahren der EEG-Förderung. Die durchschnittlich von den Besitzern erzielte Einnahme aus der Einspeisungsgebühr betrug im Jahr 2014 29 Cent pro Kilowattstunde.

Die Rendite solcher Anlagen ist ausgezeichnet, zwischen acht und zehn Prozent der Investitionskosten kommen pro Jahr zurück und sind für 20 Jahre garantiert. Auch zu den geringeren Fördersätzen von 12,75 Cent pro Kilowattstunde ab 2014 rentiert sich eine Anlage wegen der gesunkenen Kosten für die Module mit einer Rendite von mehr als zehn Prozent.

Der größte Teil der Fläche besteht aus kleinen Anlagen auf den Dächern von Wohnhäusern. Es gibt jedoch auch großflächige Solarparks (Abb. 2.10). Ein anschauliches Beispiel für die Kosten und den beschränkten Nutzen eines Photovoltaikkraftwerkes bietet die Anlage in Espenhain bei Leipzig. Sie hat eine installierte Spitzenleistung von fünf Megawatt und kostete 22 Millionen Euro, also 4400 Euro pro Kilowatt installierter Leistung. Diese Leistung wird nur in wenigen Mittagsstunden zur Sommerzeit erreicht. In einem Jahr werden aus einem Kilowatt installierter Leistung 900 Kilowattstunden Energie erzeugt, dies entspricht einer Laufzeit von 900 Stunden bei Voll-Last. Der ins Netz eingespeiste Strom wurde nach dem damaligen Fördersatz

Abb. 2.10 Solarpark aus Silizium-Solarzellen

des EEG mit 45,7 Cent pro Kilowattstunde vergütet. In unmittelbarer Nähe befindet sich das Braunkohlekraftwerk Lippendorf mit 1866 Megawatt installierter Leistung, die 8000 Stunden im Jahr zur Verfügung steht. Die Investitionskosten lagen bei 1123 Euro pro Kilowatt Leistung, der erzeugte Strom kostet 2,5 Cent pro Kilowattstunde, also ein Zwanzigstel der Photovoltaikkosten, aber verbunden mit der Emission von CO_2. Die Photovoltaikanlage kann zum Bedarf bei Tage einen kleinen Beitrag leisten, zur Versorgung von Haushalten oder Industriebetrieben rund um die Uhr ist sie weniger geeignet. Die gesamten installierten PV-Anlagen vermeiden jährlich die Emission von 36 Mill. Tonnen Kohlendioxid, also vier Prozent der deutschen Emissionen – zu einem Preis von 10,5 Milliarden Euro.

Wollte man die in einem Betriebsjahr erzeugte Energiemenge eines einzigen Kohle- oder Kernkraftwerks durch dieselbe aus einer Photovoltaik-Anlage ersetzen, so müsste man eine Fläche von 100 Quadratkilometern mit PV-Solarzellen bedecken, die Fläche einer mittleren Stadt. Das Photovoltaikkraftwerk müsste eine installierte Spitzenleistung von zehn Gigawatt haben und würde Investitionskosten von ungefähr 5 Milliarden Euro erfordern. Das Silizium für den Bau des Photovoltaikkraftwerks muss aus Quarzsand erschmolzen werden. Für die dafür nötige elektrische Energie müsste ein Kohle- oder Kernkraftwerk etwa fünf Jahre lang seine volle Leistung abgeben. Wenn der Strom für die Erschmelzung des Siliziums aus einem Kohlekraftwerk kommt, werden dabei 40 Millionen Tonnen Kohlendioxid in die Atmosphäre entlassen. Solch ein Photovoltaikkraftwerk wird wohl nie gebaut werden.

Ein weiteres Problem beim großtechnischen Einsatz von Photovoltaikanlagen ist die Tatsache, dass die Sonne nur tagsüber scheint. Die Speicherung der elektrischen Energie in großem Umfang ist noch nicht möglich. Für die Speicherung vom Tag zur Nacht gibt es im Netzverbund Pumpspeicherwerke, deren Kapazität aber bei Weitem nicht ausreicht. Für die vier Wintermonate von November bis Februar muss ein Ersatzkraftwerk die fehlende Strommenge erzeugen.

Sinnvoll wäre die dezentrale Nutzung der Photovoltaik im Wohnhaus. Im Keller des Hauses kann die elektrische Energie, die am Tag gesammelt wurde, in einem

Akkumulator gespeichert werden. Die für die Nutzung in Elektroautos neuentwickelten Lithium-Ionen-Batterien können hier verwendet werden. Eine mittlere Dachanlage mit einer Nennleistung von vier Kilowatt erzeugt am Tag durchschnittlich acht Kilowattstunden elektrischer Energie. Eine Li-Ion-Batterie mit einer Kapazität von fünf Kilowattstunden würde ausreichen, um den abendlichen Bedarf des Haushalts für den Elektroherd, die Spülmaschine und die Waschmaschine zu decken. Eine solche Batterie hat ein Fünftel der Kapazität der im VW e-Golf oder im BMW i3 verwendeten. Der Preis wird durch Serienproduktion unter den Preis der Dachanlage sinken.

Ebenso sinnvoll kann der Strom einer Photovoltaik-Dachanlage in heißen Gegenden zur Raumkühlung mit Klimageräten eingesetzt werden. In heißen Gegenden, z. B. in Süditalien, im Süden der USA und in Asien, laufen im Hochsommer Klimageräte zur Raumkühlung. Der Strombedarf der Geräte ist sehr hoch, etwa das Dreifache einer Waschmaschine. In einer Photovoltaikanlage auf dem Hausdach erzeugt die Sonne genau dann am meisten Strom, wenn die Temperatur und der Kühlungsbedarf am höchsten sind. Der Solarstrom kann ohne Speicherung direkt und dezentral verwendet werden. Das Netz wird entlastet.

Dezentral ist auch die Verwendung von kleinen PV-Anlagen in isoliert gelegenen afrikanischen Dörfern, an der deutsche Entwicklungshelfer arbeiten. Damit kann genügend Strom erzeugt werden, um Grundwasser an die Oberfläche zu pumpen, einen Sendemast für mobile Telefonverbindungen oder einen Kühlschrank zu betreiben, die Hütten zu beleuchten und Handys aufzuladen. Die Anlage muss nach den Erfahrungen der Entwicklungshelfer in die

Obhut der Frauen des Dorfes gegeben werden, damit sie gewartet und gepflegt wird. Die Europäische Union hat ein Förderprogramm über 125 Mill. Euro aufgelegt, um auf diese Weise drei Millionen Menschen in Afrika dezentral mit Strom und Telefon zu versorgen.

Weltweit ist die Photovoltaik wegen der Kosten noch eine Nischentechnologie. Da nur wenige Länder bereit sind, die Stromkosten ihrer zentralen Versorgungssysteme zugunsten der Förderung der Photovoltaik zu erhöhen und damit ganze Industriezweige zu gefährden, wird die Photovoltaik auch in zehn Jahren noch nicht die Bedeutung der Windkraft erreichen. Voraussetzung wären eine wesentliche Steigerung des Wirkungsgrades, die offenbar an physikalische Grenzen stößt, eine Reduzierung des Materialeinsatzes an Silizium und eine Lösung des Speicherungsproblems.

Eine zukünftige Möglichkeit für eine Solarzelle ohne Silizium bietet die sogenannte Glässel-Zelle. Sie besteht aus preisgünstigem Perowskit-Material und benötigt für die Herstellung wesentlich weniger Energie als die Siliziumzelle. Die Entwicklung der verschiedenen Photovoltaik-Technologien ist noch längst nicht abgeschlossen.

2.6 Ersatzkraftstoffe

Wenn die Ölreserven in etwa hundert Jahren erschöpft sein werden, müssen für den Verkehr Ersatzkraftstoffe gefunden werden. Vier verschiedene Möglichkeiten stehen zur Auswahl.

Die klimaschonendste, aber erst in fernerer Zukunft einsetzbare ist die Gewinnung von Wasserstoffgas aus Wasser mit solarer oder nuklearer Energie. Bei dieser Methode wird Wasser durch Elektrolyse mit großem Energieaufwand in Wasserstoff und Sauerstoff gespalten. Der Wasserstoff wird dann komprimiert oder verflüssigt und zum Verbraucher transportiert. Bei jedem der Zwischenschritte geht nach dem Zweiten Hauptsatz der Wärmelehre Energie an die Umgebung verloren, sodass am Ende nur weniger als ein Drittel der eingesetzten Energie bei der Verbrennung in mobilen oder stationären Anlagen wieder zur Verfügung steht.

Diese Wasserstoffwirtschaft ist nur dann klimaunschädlich, wenn der Strom zur Abtrennung des Wasserstoffs aus erneuerbaren oder nuklearen Energiequellen stammt. Wenn dagegen zur Herstellung des Wasserstoffs die industriellen Verfahren mit Kohle oder Erdgas verwendet werden, sind die effektiven Kohlendioxidemissionen pro gefahrenem Kilometer für die Wasserstofftechnologie vergleichbar mit den Emissionen bei der direkten Verbrennung der fossilen Treibstoffe. Der günstigste Betrieb eines Wasserstoffautos beruht auf Brennstoffzellen, die Elektromotoren antreiben. Diese Technik ist allerdings für Fahrzeuge noch nicht einsatzfähig und muss weiter entwickelt werden.

Sofort einsetzbar ist die Verwendung des Wasserstoffs in einem Verbrennungsmotor, der von der Industrie bereits gebaut wird. Der Einsatz von Wasserstoff in einem Auto muss sicherheitstechnisch besonders sorgfältig geplant werden, denn das Gas ist leicht entzündlich und bildet mit dem Sauerstoff der Luft das explosive Knallgasgemisch. Die Benutzung von Tiefgaragen war deshalb früher für Fahrzeuge mit Wasserstoffantrieb verboten. Inzwischen sind die Vorschriften geändert.

Vorreiter auf dem Gebiet der Wasserstoffnutzung ist Island, das aus seinen unerschöpflichen heißen Quellen genügend Energie gewinnt, um Wasserstoff klimaunschädlich zu erzeugen.

Auch die Insel Samoa nutzt Wasserstoff als Speichermedium.

Die zweite Möglichkeit ist die Umwandlung organischen Pflanzenmaterials. Bei dieser Methode wird beim Pflanzenwachstum der Atmosphäre so viel Kohlendioxid entnommen wie danach durch die Verbrennung im Motor wieder frei wird. Energiepflanzen sind z. B. Raps, Mais, Soja und Zuckerrohr. Aus Rapsöl, Zuckerrüben, Mais und Soja wird zurzeit auf einer Fläche von zwölf Prozent des deutschen Ackerlands Biokraftstoff („Biodiesel") gewonnen. Aus Zuckerrohr erzeugt Brasilien Bio-Ethanol, mit dem ein Drittel der inländischen Fahrzeuge betrieben wird. Die Menge des produzierten Bio-Ethanols ist weltweit mit 30.000 Tonnen jährlich zehnmal größer als die aus Biodiesel-Erzeugung. Drei Viertel der in Brasilien neuzugelassenen Fahrzeuge fahren mit Ethanol. Da die Zuckerrohrplantagen einen neuen Abnehmer in der Ethanolerzeugung gefunden haben, hat sich der Zuckerpreis erhöht. Auch in den USA, hauptsächlich in Kalifornien, fahren schon fünf Millionen Fahrzeuge, die alternativ mit Ethanol oder Benzin betrieben werden können. Bill Gates, der Gründer von Microsoft, und Vinod Kosla, der Mitgründer des Computerkonzerns Sun Microsystems, haben in ein Unternehmen zur Erzeugung von Bio-Ethanol investiert.

Allerdings ist es beim Anbau der pflanzlichen Kraftstoffe fraglich, ob durch den vermehrten Einsatz von Dünger und Pestiziden die günstige Bilanz der Kraftstoffe nicht in ihr Gegenteil verkehrt wird. Durch Stickstoffdüngung wird das Treibhausgas Lachgas frei. Außerdem steht der Anbau solcher Kraftstoffpflanzen in Konkurrenz zum Anbau von Nahrungsmitteln, die von einer wachsenden Weltbevölkerung gebraucht werden. Und wenn in der brasilianischen Provinz Mato Grosso do Sul Millionen Hektar Regenwald gerodet werden, um Bio-Ethanol zu gewinnen, ist der Vorteil des Biokraftstoffs für den Klimaschutz dahin.

Die dritte Methode ist die schon im Zweiten Weltkrieg in Deutschland verwendete Kohlehydrierung. In einem energieaufwendigen chemischen Prozess werden aus Kohle Kohlenwasserstoffe gewonnen. Das Buna-Verfahren wurde im Chemiedreieck Leuna-Halle-Buna großtechnisch eingesetzt. Der entstehende Kraftstoff erzeugt bei der Verbrennung genauso viel Kohlendioxid wie das Benzin oder der Dieselkraftstoff. Falls die Prozesswärme zur Hydrierung mithilfe fossiler Brennstoffe erzeugt wird, kommt die dabei entstehende Kohlendioxidemission hinzu.

Die vierte Möglichkeit ist die Umstellung der Motoren auf Erdgas, das in flüssiger Form unter Druck im Tank gespeichert wird. Die englische Bezeichnung lautet „*Compressed Natural Gas* (CNG)". Dies ist die einfachste Umstellung, die Emission von Treibhausgasen wird vermindert, die Reserven an Erdgas reichen länger als die des Öls. Die Verwendung dieses Treibstoffs wird in Deutschland bis 2020 steuerlich gefördert. In anderen Ländern ist der Anteil von erdgasbetriebenen Fahrzeugen schon größer.

Alternativ kann aus Erdgas Methanol als Treibstoff gewonnen werden. Hier ist der ökologische Gewinn gering. Wenn man die schwereren gasförmigen Bestandteile des Erdöls im Motor verbrennt, so ist dies keine wirklich neue Methode. Die in der Raffinerie destillierten Bestandteile Propan und Butan werden wie Benzin verbrannt, die Umstellung der Motoren auf dieses „*Liquid Petrol Gas* (LPG)" kann ohne großen Aufwand erreicht werden. Auch diese Antriebsart wird steuerlich gefördert.

Welcher dieser Ersatztreibstoffe sich durchsetzen wird, ist offen. Es ist aber zu erwarten, dass wegen wirtschaftlicher Überlegungen der einfachste Weg beschritten wird, das Erdgas als Treibstoff zu verwenden. Motoren mit Erdgasantrieb emittieren zwar etwa 20 Prozent weniger Kohlendioxid als Benzinmotoren, liegen damit aber immer noch auf dem Niveau der Dieselmotoren. Zusätzlich haben jedoch Erdgasautos den Vorteil, keine Feinstaub- oder Rußpartikel zu emittieren.

2.7 Energie einsparen

Was tun Sie, fragte ich.
Ich spare Licht, sagte die arme Frau.
Sie saß in der dunklen Küche, schon lange.
Das war immerhin leichter als Essen zu sparen.
(Ernst Bloch)

Die arme Frau zählt wie wir alle in der Statistik zu den privaten Haushalten. Privathaushalte sowie Handel und Gewerbe verursachen 56 Prozent der Kohlendioxid-Emissionen in Deutschland, für den Rest von 44 Prozent sind Kraftwerke und Industriebetriebe verantwortlich. Während in der Industrie in den vergangenen Jahren der Energieeinsatz wesentlich effizienter geworden ist und kaum noch Möglichkeiten zu weiteren Einsparungen bestehen, gibt es in den Privathaushalten noch ein großes Potenzial zur Steigerung der Effizienz und zur Einsparung von Energie. Dies gilt sowohl für den Verkehr wie für den Einsatz von Elektrizität und von Wärme im Haushalt.

Verkehr

Der Straßenverkehr in der Europäischen Union ist durch die Verbrennung von Benzin und Diesel für etwa 19 Prozent der Kohlendioxidemissionen verantwortlich. Auch in Deutschland ist dieser Anteil gleich groß, die Emissionen liegen seit 20 Jahren bei etwa 150 Millionen Tonnen im Jahr, trotz zunehmenden Verkehrs. Die Zahl der PKW stieg in den Jahren 1991 bis 2014 von 36,8 Millionen auf 43,8 Millionen Fahrzeuge, die Zahl der LKW noch stärker: von 1,76 Millionen auf 2,6 Millionen. Der spezifische Verbrauch bei Personenwagen fiel in diesem Zeitraum von 9,2 Litern Kraftstoff pro 100 km auf 7,2 Liter, sodass die jährlich verbrauchte Menge von Benzin und Diesel von 48 Milliarden auf 36 Milliarden Liter Kraftstoff sank.

Der spezifische Ausstoß von CO_2 aus PKW sank von 1991 bis 2013 bei den Neuzulassungen um 38 Prozent auf 132 g CO_2 pro Kilometer Fahrstrecke, entsprechend einer Gesamtemission der PKW von 110 Millionen Tonnen CO_2 pro Jahr. Hier gibt es noch Einsparpotenziale. Für den Güterverkehr der LKW stiegen die Emissionen im selben Zeitraum von jährlich 30 auf 40 Millionen Tonnen CO_2 an.

Der Kraftstoffverbrauch der PKW kann durch die Entwicklung effizienterer Motoren und die Wahl leichterer Fahrzeuge gesenkt werden. Der Dieselmotor hat einen besseren Wirkungsgrad als der Ottomotor, weil der Verbrennungszyklus durch Selbstzündung näher an dem idealen Carnot-Kreisprozess liegt. Der Kraftstoff wird vollständiger genutzt, insbesondere wenn die heißen Abgase zum Antrieb eines Turboladers verwendet werden. Leistungsstarke Dieselfahrzeuge mit einem Durchschnittsverbrauch von

3,8 Litern/100 Kilometer werden angeboten. Wenn alle PKW durch Fahrzeuge mit einem so niedrigen Verbrauch ersetzt würden, könnte die Hälfte des Treibstoffs und der CO_2-Emissionen eingespart werden.

Die Europäische Union hat das Ziel, den durchschnittlichen CO_2-Ausstoß aller Neuwagen ab dem Jahr 2015 auf 130 g CO_2 pro km zu begrenzen. Ab dem Jahr 2021 gilt dann ein noch niedrigerer Grenzwert von 95 g/km. Bei Überschreitung dieser Grenzwerte werden Geldstrafen verhängt.

Eine weitere Möglichkeit zur Einsparung von Treibstoff bietet der Hybridantrieb, bei dem das Fahrzeug mit einem System aus Verbrennungsmotor, Elektromotor und Hochleistungsbatterie ausgerüstet wird. Beim Innenstadtverkehr und bei kurzen Fahrten mit Geschwindigkeiten bis zu 45 km/h übernimmt der Elektromotor den Antrieb. Wenn eine größere Leistung benötigt wird, tritt automatisch der Verbrennungsmotor in Aktion, der auch die Fahrbatterie über den Dynamo auflädt. Die beim Bremsen und beim Bergabfahren anfallende Bewegungsenergie wird als elektrische Energie in der Fahrbatterie gespeichert. Der durchschnittliche Verbrauch eines Mittelklassewagens kann so auf etwa 5 bis 6 Liter Treibstoff pro 100 km und die CO_2-Emission auf 110 Gramm pro Kilometer gesenkt werden. Nach einer Studie der TU Darmstadt spart das Hybridauto hauptsächlich im Stadtverkehr auf drei verschiedene Weisen Treibstoff: Die Rückgewinnung der Bewegungsenergie beim Bremsen bringt etwa fünf Prozent Treibstoffgewinn. Mehr Einsparung bringt die Verwendung eines intelligenten Automatikgetriebes, das den optimalen Betriebspunkt des Motors auswählt, und eine Start-Stopp-Start-Automatik für den Elektromotor beim Warten vor roten Ampeln. Insgesamt können im Stadtverkehr so etwa 30 Prozent Treibstoff eingespart werden.

Der Hybridantrieb hat den weiteren Vorteil, dass während des elektrischen Betriebs in der Innenstadt Abgase und damit die Smogbildung vermieden werden. Auf Autobahnen und Überlandstrecken ist dagegen der Dieselmotor ähnlich umweltfreundlich. Dort wirkt sich aus, dass das Hybridauto durch die zusätzliche Masse des Elektromotors und der Fahrbatterie schwerer als ein üblicher Wagen mit Diesel- oder Benzinmotor ist.

Auch das Elektroauto hat das Ziel, Smog zu vermeiden. Allerdings ist es – entgegen weitverbreiteter Meinung – ein Fahrzeug mit ambivalenter Klimabilanz. Es vermeidet einerseits die Emission von Abgasen wie Stickoxiden und Kohlenmonoxid und hilft so, die Bildung von Smog und von Ozon in den Innenstädten mit hoher Verkehrsdichte zu verringern. Wenn aber die Batterien mit Strom aus Kohlekraftwerken aufgeladen werden, wird andererseits mehr Kohlendioxid in die Atmosphäre entlassen als durch den Betrieb eines entsprechenden Verbrennungsmotors. Das Elektroauto ist daher als Antriebsprinzip für den Klimaschutz ungeeignet, solange der Strom zur Aufladung der Fahrbatterien aus fossilen Kraftwerken stammt. Wird dieser Strom durch Kraftwerke mit erneuerbaren oder nuklearen Energien hergestellt, ist es dagegen ein ökologisches, wenn auch teures Fahrzeug.

Ein ähnliches Verfahren wie beim Hybridantrieb von Automobilen verwendet übrigens die Deutsche Bahn. Bei Bergabfahrten und beim Bremsen der Züge wird der Schub dazu verwendet, die Bewegungsenergie in elektrische Energie umzuwandeln und zurück in das Netz einzuspeisen. Dabei spart die Bahn drei Prozent der Energiekosten ein.

Verbrauch im Haushalt

Für den privaten Bedarf an Energie im Haus oder der Wohnung benötigen wir zum einen Strom für Licht und Haushaltsgeräte und zum andern Öl oder Erdgas oder Holz als Brennstoff für die Gebäudeheizung. Bei der Beleuchtung sind Leuchtstofflampen fünfmal effizienter als herkömmliche Glühlampen. Eine weitere Einsparung an elektrischer Energie ergibt sich durch die Verwendung von lichtemittierenden Dioden (LEDs), die nochmals viermal effizienter als Leuchtstoffröhren sind. Rote und grüne LEDs gab es schon länger. Der Durchbruch kam mit der Entwicklung der blauen LED durch Isamu Akasaki, Hiroshi Amano und Shuji Nakamura, die 2014 dafür mit dem Nobelpreis für Physik ausgezeichnet wurden. Durch die Mischung der verschiedenen LED-Typen kann man nun weißes Licht erzeugen.

Auch der unnötige Stromverbrauch durch Standby-Schaltungen sollte vermieden werden. Die während der Wintermonate ununterbrochen laufenden Wasserpumpen von 20 Millionen Heizungen können durch effizientere ersetzt werden. Wenn pro Wasserpumpe 20 Watt Leistung eingespart werden, kann auf ein mittelgroßes Kraftwerk verzichtet werden. Der Einspareffekt solcher Maßnahmen ist allerdings dadurch begrenzt, dass sie nicht leicht flächendeckend einzuführen sind. Staatliche Regelungen sind möglich, aber nicht populär und werden deshalb verschoben.

Erstaunlich ist in diesem Zusammenhang, dass die deutschen Verbraucher zum großen Teil gar nicht wissen, dass sie mit ihrer Heizung die meiste Energie verbrauchen. Nach einer Umfrage der Deutschen Energie-Agentur („dena") glauben 39 Prozent der Befragten, ihre Elektrogeräte seien die größten Verbraucher, 26 Prozent sehen die Heizung, 18 Prozent die Warmwasserbereitung und nur 14 Prozent das Auto in dieser Rolle. In Wirklichkeit liegt die Heizung und Warmwasserbereitung mit 53 Prozent des individuellen Verbrauchs an der Spitze, dann folgt das Auto mit 31 Prozent, Warmwasser und Elektrogeräte benötigen je acht Prozent.

Wärmedämmung

Ein großes Potenzial für Einsparungen bietet deshalb eine bessere Wärmedämmung in Wohnungen. Die Emissionen von etwa 130 Millionen Tonnen Kohlendioxid aus allen Heizungen von Haushalten haben sich in den letzten 25 Jahren kaum geändert. Nach einer Untersuchung von Manfred Kleemann vom Forschungszentrum Jülich ist der Jahresverbrauch an Heizenergie für die in Deutschland bestehenden Gebäude sehr unterschiedlich. Der Energieeinsatz liegt im Mittel bei 225 Kilowattstunden im Jahr pro beheizte Fläche von einem Quadratmeter. Darunter fallen „Passivhäuser" mit einem Verbrauch von 17 kWh/m², Niedrigenergiehäuser mit einem Verbrauch von weniger als 75 kWh/m² und schlecht isolierte Altbauten mit einem Wert bis zu 500 kWh/m². Für Neubauten gilt die Energieeinsparverordnung (EnEv), die einen Wert von weniger als 70 kWh/m² verlangt. Die konsequente Wärmedämmung eines Niedrigenergiehauses verursacht beim Neubau Mehrkosten von ca. 15 Prozent, die viele Bauherren bei entsprechenden Anreizen übernehmen werden. Allerdings ist der Einspareffekt durch Neubauten aufs Ganze gesehen begrenzt, weil die Zahl der Neubauten pro Jahr weniger als 0,6 Prozent des Wohnungsbestandes von 40 Millionen Wohnungen ausmacht.

Die energetische Renovierung der Altbauten bietet demgegenüber insgesamt ein höheres Einsparpotenzial: durch bessere Dämmung der Wände und der Dächer mit Hartschaummaterialien, dichtere Fenster und die Vermeidung von Wärmebrücken. Bei einem Altbau aus den 60er-Jahren der Nachkriegszeit könnten die Heizkosten durch Dämmung im besten Fall auf die Hälfte reduziert werden. Bei Bauten aus späteren Jahren war die Qualität besser und die zusätzliche Dämmung bringt weniger Energieeinsparung. Solch eine Sanierung kostet etwa 300 bis 500 Euro pro Quadratmeter Wohnfläche. Bei vielen Sanierungen hat sich aber herausgestellt, dass die Einsparungen an Heizkosten entweder gar nicht eintraten oder nur so klein ausfielen, dass eine Amortisierung der Kosten erst in 50 Jahren eintreten wird. Das steht im Gegensatz zu den Ankündigungen der Regierung, „Dämmen lohnt sich". Bei dieser Behauptung steht im Hintergrund, dass nach einer DIN-Vorschrift nicht vom wirklichen Energieverbrauch der Wohnung ausgegangen wird, sondern von einem fiktiven „Energiebedarf", bei dessen Berechnung alle Räume der Wohnung Tag und Nacht auf Wohntemperatur beheizt werden. In Wirklichkeit werden manche Räume nicht und andere nur sporadisch beheizt. Bei den fiktiven Annahmen kann natürlich durch Dämmung ein größerer Einspareffekt errechnet werden als in der Realität.

Gefahren durch Dämmmaterial

Das verwendete Dämmmaterial Styropor ist nicht ganz ungefährlich. Es ist brennbar und wurde deshalb bisher mit einem Brandschutzmittel angereichert. Dieses Mittel ist Hexa-bromo-cyclo-dodecan, kurz HBCD. Die Verbindung ist ein Brom-Kohlenwasserstoff, ähnlich dem Fluor-Kohlenwasserstoff FCKW, der für das Ozonloch in der Atmosphäre verantwortlich ist. HBCD ist giftig und langlebig und ab August 2015 verboten. Aber eine Milliarde Quadratmeter dieser Dämmplatten sind schon in Deutschland verbaut.

Kosten der Dämmung

Die Kosten der energetischen Sanierung können von den Eigentümern auf die Mieter abgewälzt werden. Die entsprechende Steigerung der Mieten, die meistens nicht durch verringerte Heizkosten ausgeglichen wird, führt dazu, dass weniger zahlungskräftige Mieter verdrängt werden, eine „energetische Gentrifizierung". Dazu trägt auch die durch die Energiewende verursachte Steigerung der Stromkosten bei.

Für die Arbeiten zur Verbesserung der Wärmedämmung und zum Einbau effizienterer Heizkessel sowie effizienterer Wasserpumpen haben die Hausbesitzer in den vergangenen Jahren pro Jahr etwa 11 Milliarden Euro aufgewendet. Um den gesamten Wohnungsbestand energetisch zu renovieren und dadurch die CO_2-Emissionen durch Heizungen zu senken, wäre nach Berechnungen der staatlichen KfW-Bank (Kreditanstalt für Wiederaufbau) eine Investitionssumme von etwa 840 Milliarden Euro nötig. Damit könnte nach 35 Jahren intensiver Renovierungen bis zum Jahr 2050 die jährliche Emission von etwa 50 Millionen Tonnen Kohlendioxid auf Dauer vermieden werden. Dies entspricht einer sechsprozentigen Abnahme der gesamten Emissionen und wäre ein kleiner Schritt zur Reduzierung CO_2-Emissionen.

Diesem Ziel diente das Programm für zinsverbilligte Sanierungskredite, das die Bundesregierung im Januar 2006 beschlossen hat. Dafür stellte die Kreditanstalt für Wiederaufbau (KfW) Kredite in Höhe von 1,4 Milliarden Euro pro Jahr zur Verfügung. Im Rahmen dieses Programms wurden von den Eigentümern in vier Jahren neun Milliarden Euro investiert und 265.000 Wohnungen energetisch renoviert. So wurde die Emission von 0,9 Millionen Tonnen Kohlendioxid jährlich vermieden.

Dieses Programm soll nach den Plänen der Bundesregierung vom Dezember 2014 ab 2015 auf zwei Milliarden Euro jährlich aufgestockt werden. Weiterhin sollen nach diesen Plänen Eigenheimbesitzer zwischen zehn und 25 Prozent der Kosten für die energetischen Sanierungsmaßnahmen über zehn Jahre von der Steuer absetzen können.

Allerdings wird das Gesetz im Bundesrat blockiert, da die Steuerausfälle zu Lasten der Bundesländer gehen würden. Und selbst wenn später der Bundesrat zustimmen sollte, ist die von der Regierung angenommene Zahl der Renovierungen pro Jahr unrealistisch. Wenn tatsächlich der gesamte Altbaubestand von 40 Millionen Wohneinheiten innerhalb von 35 Jahren – bis zum Jahr 2050 – saniert werden soll, müssten pro Jahr eine Million Wohnungen renoviert werden, mit einem jährlichen Investitionsaufwand von 24 Milliarden Euro. Die bisherigen Zahlen von sanierten Wohnungen liegen fünfmal niedriger. Hinzu kommen die energetisch effizienten Neubauten, entsprechend etwa 250.000 Wohnungen pro Jahr.

Wenn die Sanierung der Altbauten im bisherigen Tempo mit einem mittleren Erneuerungszyklus von 60 bis 120 Jahren fortschreitet, hat das nicht die erhofften großen Auswirkungen auf den Energieverbrauch und die Emission von Kohlendioxid.

Dabei ist der jetzige Zustand der Wärmedämmung in der Bausubstanz in Deutschland schon weit besser als der in den USA. Der Verbrauch an Erdgas, das hauptsächlich zur Gebäudeheizung verwendet wird, ist in den USA bei einer dreimal größeren Bevölkerung sechsmal höher als in Deutschland. Da die Energiepreise in der Vergangenheit niedrig waren, wurde beim Hausbau in den USA auf Wärmeisolierung wenig geachtet. Entsprechend niedrig waren die Baukosten, die Kosten für Heizung spielten keine Rolle. Das wird in den USA auf absehbare Zeit auch so bleiben.

Klimageräte

In tropischen und subtropischen Ländern einschließlich der USA und Chinas sowie Indiens wird ein großer Teil des Elektrizitätsbedarfs im Haushalt im Sommer auf die Kühlung mit Klimageräten verwendet. Es wird also nicht versucht, die Hitze der Außenwelt durch Dämmung der Wohnräume zu mildern, sondern durch elektrisch betriebene „Kältepumpen". Diese Form der Temperaturregulierung ist sehr ineffektiv und kostspielig. Um ein Grad Temperaturabsenkung mit Klimageräten im Sommer zu erreichen, muss dreimal mehr Energie aufgewendet werden als zur Erwärmung um ein Grad im Winter. Deshalb führt die Verringerung der Kühlleistung im Sommer zu weitaus größeren Einsparungen: Wenn z. B. der Raum nur auf etwa 19 statt 18 Grad gekühlt wird, spart man dreimal mehr, als wenn man die Heiztemperatur im Winter um ein Grad niedriger einstellt – und dabei sechs Prozent Energiekosten spart.

In tropischen und subtropischen Ländern ist der private Strombedarf wegen der Klimageräte im Hochsommer am größten. Ein günstiger Umstand kommt den warmen Ländern entgegen: Die Hitze ist dann am größten, wenn die Sonne hoch steht und Photovoltaikanlagen ihre maximale Leistung abgeben. So kann die elektrische Solarenergie dezentral eine sinnvolle Verwendung finden. Mehr dazu im Abschn. 2.5 und 7.1.

Dezentrale Blockheizkraftwerke

Eine weitere Möglichkeit zur Vermeidung von Kohlendioxid-Emissionen im Bereich der Gebäudeheizung ist die effizientere Nutzung der Brennstoffe durch kleine dezentrale Blockheizkraftwerke. Sie arbeiten nach dem Prinzip der Kraft-Wärme-Kopplung (KWK). In einem kleinen Wärmekraftwerk wird in einem Kreisprozess mechanische Energie und daraus Strom erzeugt so wie in großen Kraftwerken. Der Unterschied besteht nur darin, dass die Abwärme des Kreisprozesses zur Heizung des Gebäudes dient. Das kann für Bürogebäude oder Krankenhäuser und auch für Kleinbetriebe wie Bäckereien sinnvoll sein. Große Chemieunternehmen betreiben eigene Kraftwerke auf dem Firmengelände, weil sie Prozesswärme für chemische Reaktionen benötigen. Da die Temperatur der Abwärme hoch genug zum Heizen sein muss, ist zwar der elektrische Wirkungsgrad geringer als bei herkömmlichen Kraftwerken; wenn man allerdings die genutzte Abwärme hinzuzählt, steigt der Nutzungsgrad (nicht der elektrische Wirkungsgrad) der Verbrennung des Erdgases auf mehr als 80 Prozent. Der erzeugte Strom kann entweder vom Erzeuger selbst genutzt oder in das Netz eingespeist werden. Allerdings rechnen sich diese Investitionen für kleine Anlagen mit einer Leistung von 3 bis 50 Kilowatt derzeit nur durch den Bonus von 5,41 Cent/kWh, die das EEG den Betreibern garantiert. Der Bonus wird durch eine Umlage auf den allgemeinen Strompreis durch die anderen Verbraucher finanziert.

Trotz dieser Fördermaßnahmen wird es unter den gegenwärtigen Bedingungen sehr lange dauern, bis eine neue Einstellung zur Wärmedämmung und zum Energiesparen messbare Auswirkungen auf den CO_2-Ausstoß haben wird. Wenn die Sanierungen wie bisher 24 Millionen Quadratmeter pro Jahr und die Neubauten 20 Millionen Quadratmeter pro Jahr umfassen, so würde die Sanierung des gesamten deutschen Wohnungsbestandes von drei Milliarden Quadratmetern 120 Jahre benötigen.

3

Neue Spieler

Unser Freund, das Atom.
(Zhou Derong, chinesischer Journalist)

3.1 Die neue Großmacht China

Als in den 70er-Jahren des 20. Jahrhunderts Deng Xiaoping
seine Reform des planwirtschaftlichen Kommunismus begann, galt für einen chinesischen Bräutigam das traditionelle Prinzip der 24 Beine: Er musste bei der Werbung um
seine Braut dem zukünftigen Schwiegervater den Besitz von
Bett, Tisch und Stühlen mit insgesamt 24 Beinen nachwei-
sen. Zehn Jahre später waren die nötigen Besitztümer ein
Fahrrad, eine Nähmaschine und eine Armbanduhr; weitere
zehn Jahre später waren – falls es überhaupt noch so starke
familiäre Bindungen gab – die zivilisatorischen Prestige-
objekte das Fernsehgerät, das Telefon und die Waschmaschine. Heute kommen als Wunschobjekte das Auto, der
Computer und das Klimagerät oder die Kühltruhe hinzu.
Die sich darin widerspiegelnde beispiellos rasche Entwicklung eines riesigen Landes hat vor allem eine weltpoliti-
sche Konsequenz: Da alle diese neuen Geräte Stromfresser

© Springer-Verlag GmbH Deutschland, ein Teil von Springer Nature 2015
K. Kleinknecht, *Risiko Energiewende*,
https://doi.org/10.1007/978-3-662-46888-3_3

oder Ölverbraucher sind, nimmt der Bedarf an elektrischer Energie und an Öl rasant zu.

Der Vordenker der chinesischen Ökonomie, Xue Mugiao, und seine Kollegen nutzten die Freiheit, die Deng Xiaoping ihnen gegeben hatte, um zu einer wichtigen Erkenntnis zu kommen: China werde den Anschluss an den Wohlstand der westlichen Länder nicht erreichen, wenn es bei seiner Planwirtschaft bleibe. Nach der Liberalisierung durch Deng Xiaoping wurde die sozialistische Marktwirtschaft marxistischer Prägung durch „objektive, kapitalistische Gesetze" des Marktes ergänzt. Diese vorsichtige Öffnung zu einer kapitalistischen Wirtschaft wurde zunächst in den Sonderwirtschaftszonen Shenzen und anderen Regionen rund um Hongkong erprobt und dann auf das ganze Land ausgedehnt. Seit 1980 hat sich das Bruttoinlandsprodukt, d. h. die gesamte Wirtschaftsleistung Chinas, auf das Fünfzigfache erhöht, es beträgt heute 9,24 Billionen Dollar gegenüber 16,8 Billionen der USA und 3,6 Billionen Deutschlands. Schon im Jahr 2007 überholte China Deutschland und die anderen europäischen Länder mit seiner Wirtschaftskraft. Durch seine Handelsüberschüsse hat das Land bis heute eine gewaltige Devisenreserve von 3820 Milliarden Dollar in amerikanischen Staatsanleihen und Schuldtiteln anderer Staaten angehäuft.

Heute hat China Wachstumsraten des Bruttoinlandsprodukts von sechs bis acht Prozent pro Jahr und hat durch seine niedrigen Preise den Weltmarkt auf vielen Gebieten erobert. Bei Textilien, Spielzeugen und einigen elektronischen Produkten dominiert es sogar. Es gibt kein Sortiment eines deutschen oder amerikanischen Kaufhauses, bei dem nicht „Made in China" einen großen Teil der Waren ziert.

Für die Entwicklung seiner Infrastruktur als Voraussetzung
zur Steigerung seiner industriellen Produktion braucht
China riesige Rohstoffmengen. Schon heute ist es der größte Abnehmer von Stahl, Zement, Kupfer, Zinn und Eisenerz auf dem Weltmarkt. Gleichzeitig erzeugen viele kleinere
und mittelgroße Hüttenwerke in China insgesamt große
Mengen Stahl. Vor ein paar Jahren wurde eine deutsche Kokerei für Kokskohle in Dortmund-Hoerde komplett zerlegt
und in China wieder aufgebaut, zu unserer Verwunderung.
Die Ironie dabei ist, dass einige Jahre später die deutschen
Stahlproduzenten über den Neubau einer solchen Kokerei
nachdachten; denn der große Bedarf Chinas hatte auch die
Preise für Stahl, Kokskohle und andere Rohstoffe auf dem
Weltmarkt stark ansteigen lassen.

Durch den wirtschaftlichen Aufschwung wächst der
Wohlstand der chinesischen Bevölkerung. China wurde
zu einem der größten Importeure von Goldschmuck und
Goldmünzen. Wertvolles Porzellan aus der Ming-Dynastie
oder Vasen aus der Quing-Zeit finden auf Auktionen zunehmend chinesische Käufer. Gleichzeitig hat sich das Ein-
kommensgefälle zwischen Reich und Arm in den Städten
auf ein alarmierendes Niveau ausgeweitet. Noch größer ist
der Unterschied zu den Bauern auf dem Land. Die Umweltverschmutzung hat solche Ausmaße angenommen, dass sie
die Basis der Ernährung gefährdet. Die Bauern haben oft
nicht einmal sauberes Wasser, in manchen Gegenden sind
70 Prozent der Gewässer so stark mit Schwermetallen und
anderen Giften verseucht, dass sie für den Fischfang und die
Bewässerung der Felder ausfallen. Die nutzbare Ackerfläche
wird durch die hemmungslose Umweltverschmutzung der
Industrie immer kleiner. Auch die Stadtbewohner leiden
unter der Verschmutzung von Luft und Wasser: Nach An-

gaben der Weltbank liegen sechs der zehn am stärksten verschmutzten Städte der Welt in China.

Expansion des Straßenverkehrs bringt Smog

Die wohlhabenden oder gut verdienenden Städter kaufen Autos. Die beginnende Motorisierung wird auch von deutschen Autobauern in Joint Ventures vorangetrieben. Volkswagen hat seit 1983 ein Werk in Shanghai, in dem der Santana produziert wird. Fiat, Hyundai, General Motors, Mercedes und BMW folgten. Heute ist China mit 19,2 Millionen hergestellten Fahrzeugen der größte Automobilproduzent der Welt vor den USA mit 10,3 und Japan mit 9,9 Millionen Fahrzeugen. Von 1,3 Milliarden Chinesen besaßen im Jahr 2013 94 Millionen ein Fahrzeug, doppelt so viele wie in Deutschland. In den Megastädten Peking und Shanghai ist die Fahrzeugdichte schon so hoch, dass die Luftverschmutzung zur Gefahr wird. Die Fahrräder hat man aus der Innenstadt verbannt. In zehn Jahren werden nach konservativen Schätzungen 200 Millionen Fahrzeuge in China laufen. Die chinesische Regierung verfolgt mit Sorge die dramatische Ausbreitung von Lungen- und Atemwegserkrankungen durch die Smogbildung in den Großstädten, die nach chinesischen Schätzungen 400.000 Todesfälle pro Jahr verursacht. Der gesundheitsschädliche Smog bildet sich im Winter aus einer Kombination von Ruß, Schwefeldioxid, Staub und Nebel. Im Sommer sind es hauptsächlich Stickstoffoxide und Kohlenmonoxid, die durch Sonneneinstrahlung zu Smogbildung mit erhöhten Konzentrationen von Ozon führen. Die Schadstoffe stammen aus Verunreinigungen in Kraftstoffen, die in den Raffinerien nicht beseitigt worden sind, aus unvollständiger Verbrennung in Motoren ohne Rußfilter oder aus Kohlekraftwerken ohne Rauchgasentschwefelungsanlage. Das aus den Kohlekraftwerken kommende Kohlendioxid ist reaktionsträge und an der Smogbildung nicht beteiligt.

Ölimport

Die Expansion des Autoverkehrs wird noch nicht durch steigende Ölpreise behindert, weil China fast keine Steuern auf Benzin erhebt und der Benzinpreis entsprechend niedrig liegt. Schon heute ist das Land neben den Vereinigten Staaten von Amerika die treibende Kraft bei der Preisbildung auf dem Weltmarkt für Öl. Der Ölimport betrug im Jahr 2013 mehr als 315 Millionen Tonnen. Im Gegensatz zum deutschen Verbrauch, der kaum zunimmt, wächst der chinesische Import weiter. Der Import soll bis zum Jahr 2020 auf 400 Millionen Tonnen steigen, bei einem Gesamtbedarf von etwa 600 Millionen Tonnen. Nicht nur für den Straßenverkehr und die Luftfahrt wird das Öl gebraucht, sondern es dient auch als Grundstoff zur Herstellung von Plastik, Nylon und Gummi. Chinas Erdölbedarf ist ein wesentlicher Faktor auf dem Weltmarkt.

China, das nur geringe Ölvorkommen hat, versucht seinen Bedarf in allen ölexportierenden Ländern zu decken. „Geschäft ist Geschäft. Wir versuchen, das von der Politik zu trennen", sagte der stellvertretende chinesische Außenminister Zhou Wenzong. Da die Förderung in der Golfregion – mit Ausnahme von Iran – vorwiegend in der Hand der amerikanischen und britischen Ölkonzerne liegt, hat China mit dem Iran langfristige Lieferverträge abgeschlossen und unterstützt die Regierung des Gottesstaates. Aber auch mit Saudi-Arabien kam China ins Geschäft, seit sich die Beziehungen des arabischen Staates zu den USA nach dem 11. September 2001 abkühlten. Außerdem kaufte die staatliche chinesische Gesellschaft CNPC im Jahr 2005 zu einem Preis von etwa acht Milliarden Dollar Ölfelder in Nigeria, Kasachstan und Ecuador. Besonders problematisch ist die Förderung in der Region Darfur im Süden des Sudan, wo der Bürgerkrieg zwischen den Rebellen im Süden und der Regierung im Norden durch den Kampf um die Ölgewinne angeheizt wird.

Russland baute eine 4800 Kilometer lange Ölpipeline von Ostsibirien bis an den Pazifik, mit dem China und Japan beliefert werden. Die ESPO-Pipeline ging 2011 in Betrieb. Eine weitere Ölpipeline führt seit 2009 von Kasachstan über 2200 Kilometer nach Xinjiang. Damit wendet sich Russland von der einseitigen Orientierung nach Westen ab.

Um die Ölvorkommen im Ostchinesischen Meer streiten sich China, Japan und Taiwan. Bei einem dieser Ölfelder haben China und Japan sich auf die gemeinsame Ausbeutung geeinigt, auf Kosten von Taiwan, das China als abtrünnige Provinz betrachtet und deshalb ignoriert.

Dreifachstrategie

China leidet aber nicht nur unter Ölmangel, sondern allgemein unter chronischer Energieknappheit. Im Sommer 2003 musste in 19 von 31 Provinzen die Elektrizitätsversorgung eingeschränkt werden. Im Juli 2004 ordnete die Regierung an, dass wegen der Energieknappheit die Klimaanlagen die Raumtemperatur nicht unter 26 Grad Celsius abkühlen durften – auch nicht in internationalen Hotels. Außerdem schrieb sie vor, dass in 6000 Unternehmen je eine Woche lang die Produktion stillgelegt und die Arbeiter in Urlaub geschickt werden sollten. In 24 der 31 Provinzen wurde zeitlich begrenzt für einzelne Bereiche der Strom abgeschaltet. Nach Angaben der Regierung herrscht insgesamt ein Mangel an elektrischer Energie. Deshalb verfolgt sie eine Dreifachstrategie: Einerseits greift sie wieder verstärkt auf den Bau von Kohlekraftwerken zurück und gibt viele kleine, für die Arbeiter lebensgefährliche Kohlegruben wieder zum Abbau frei, obwohl dort häufig Unfälle geschehen. In China gibt es 80.000 privat betriebene Kohlegruben. Jährlich sterben dort nach amtlicher Statistik ungefähr 6000 Bergarbeiter, bei einer hohen Dunkelziffer. Mit der Förderung der heimischen Kohle bleibt die Hauptenergiequelle des Landes die Kohleverbrennung, die zu einem jährlich wachsenden Ausstoß von Kohlendioxid in die Atmosphäre führt. Jede Woche nimmt ein neues Kohlekraftwerk den Betrieb auf. Schon jetzt emittiert China mit zehn Milliarden Tonnen CO_2 weltweit die größte Menge, doppelt so viel wie die USA. Bei einem Treffen mit dem amerikanischen Präsidenten Obama im Dezember 2014 kündigte Partei- und Staatschef Xi Jinping an, China werde spätestens im Jahr 2030 den Höhepunkt seiner Kohlendioxidemissionen erreichen. Nach einer früheren Verlautbarung ist eine weitere Steigerung der Emissionen um 27 Prozent bis zum Jahr 2020 vorgesehen. Das bedeutet eine um 2700 Millionen Tonnen pro Jahr erhöhte Emission im Jahr 2020. Allein die in jedem Jahr neu hinzukommende emittierte Menge an CO_2 ist größer als die gesamte deutsche Emission im Jahr. Dann werden die Chinesen schon im Jahr 2020 einen höheren CO_2-Ausstoß pro Person erreicht haben als die Europäer.

Der zweite Weg zur Stromerzeugung führt auch in China über die erneuerbaren Energien. Ihr Beitrag soll bis zum Jahr 2030 auf 20 Prozent des Bedarfs ansteigen. Wind- und Solarenergie wird in isolierten Siedlungen eingesetzt. Das bedeutendste Wasserbau-Projekt ist, wie schon gezeigt, der Bau des Drei-Schluchten-Damms am Yangtse. Seit der Installation aller Turbinen und Transformatoren vor sechs Jahren speist das Kraftwerk eine Leistung von 18,2 Gigawatt in das Netz ein. Sie kommt zu den vorhandenen 70 Gigawatt Leistung aus anderen Wasserkraftwerken hinzu. Aber auch dieses Kraftwerk kann den ständig steigenden Strombedarf nicht decken. Die Regierung hat deshalb angekündigt, in den nächsten Jahren weitere 100 Staudämme zu bauen.

Die dritte Säule der chinesischen Stromerzeugung ist die Kernenergie. Derzeit laufen in China 21 Kernreaktoren an sechs Orten, und 28 weitere Kernkraftwerke sind im Bau. Die gegenwärtig gelieferte elektrische Kraftwerksleistung entspricht etwa 14 Gigawatt. Sie soll im Jahr 2020 mit 58 Gigawatt etwa sechs Prozent des Strombedarfs decken. Der weitere Ausbau der Kernkraft wird mit Kugelbettreaktoren geplant, die nach dem Vorbild des in Jülich von Professor Schulten entwickelten Reaktors gebaut werden sollen. Die Planzahlen für 2030 sind 200 Gigawatt und 400 Gigawatt im Jahr 2040. Die Kernkraftwerke sollen einen Teil der Grundlast anstelle von Kohlekraftwerken übernehmen. Dadurch wird sich der Anteil emissionsfreier Stromerzeugung wesentlich erhöhen.

China hat die bisher in Betrieb genommenen Reaktoren mithilfe ausländischer Firmen gebaut. Beispiele sind die Anlagen in Daya Bay, Yang Jiang und Tai Chan. Die Chinesen wollen aber die Technologie der Reaktoren übernehmen und auch eigene Brennelemente für Reaktoren herstellen. Zu diesem – friedlichen – Zweck wollte es die Hanauer Brennelementfabrik kaufen. Die Erlaubnis wurde aber von der deutschen Regierung versagt, zur Verwunderung der Chinesen. Dabei ist China ein Kernwaffenstaat, der im Gegensatz zu Deutschland keinen Beschränkungen in der Nukleartechnik unterliegt.

Den nötigen Nachschub für den Kernbrennstoff Uran wird Australien liefern. Es besteht ein langfristiger Liefervertrag. Daneben ist auch die Zusammenarbeit in der Kerntechnik und der bilaterale Freihandel vertraglich geregelt. Das Volumen des Warenaustausches zwischen China und Australien wächst zurzeit jährlich um 30 Prozent. Australien liefert Eisenerz, Nickel, Kohle und Uran. Mittelfristig will China einen großen Teil der australischen Uranförderung abnehmen. Die Gewinner sind die australischen Rohstoffkonzerne wie BHP Billiton und Rio Tinto. In Australien kursiert das geflügelte Wort: „China wächst, und wir zählen die Dollars."

Den Anstieg des Bedarfs an elektrischer Energie in China kann man am besten mit der Entwicklung in der Bundesrepublik Deutschland von 1958 bis 1990 vergleichen: Damals stieg der Bedarf auf das Viereinhalbfache. In ähnlicher Weise planen die Chinesen eine Steigerung ihrer Stromerzeugung bis zum Jahr 2050 auf das Sechs- bis Achtfache des heutigen Werts. Selbst wenn die Effizienz der Kraftwerke verdoppelt wird, bedeutet das noch eine Steigerung des jährlichen Brennstoffverbrauchs auf das Drei- bis Vierfache.

Die Emission der treibhausrelevanten Gase lässt sich in diesem Fall nur dann verringern, wenn China, wie geplant, in großem Umfang Kernkraftwerke baut und betreibt und verstärkt erneuerbare Energien einsetzt. Die Chinesen betrachten diese Alternativen ideologiefrei, geben jedoch den erneuerbaren Energiequellen noch keine Priorität. Zum vermehrten Einsatz emissionsfreier Energiequellen können Europa und die internationale Gemeinschaft maßgebliche Anstöße liefern. Denn die chinesische Energiesicherheit liegt im globalen Interesse, wenn weltweite negative Auswirkungen auf die Umwelt und die Sicherheit in der Region vermieden werden sollen. Je sicherer sich China bei der Lösung seiner Energieprobleme fühlt, desto sicherer werden sich auch seine ebenfalls von hohen Energieimporten abhängigen Nachbarstaaten Japan und Indien fühlen können.

3.2 Wachsendes Indien

Die vier jungen Touristen im Billigflieger von Venedig nach Frankfurt-Hahn unterhielten sich angeregt über ihre Eindrücke vom Markusplatz und von der Architektur der Markuskirche. Sie verglichen die Kuppeln mit denen des Tadsch Mahal, des Grabmals, das der Großmogul Schahdschahan für seine Lieblingsfrau in Agra errichten ließ und das sie als Inder natürlich genau kannten. Sie waren auf dem Rückflug von einer Bildungsreise und wollten zurück zu ihrem Wohn- und Arbeitsort Saarbrücken. Dorthin waren sie vor einigen Jahren eingewandert, weil bei uns ein großer Bedarf an Informatikern bestand. Die Universität Saarbrücken hat eine ausgezeichnete Informatikabteilung, verschiedene Firmen der Informationstechnologie haben sich dort angesiedelt.

Die vier Informatiker sind Repräsentanten einer neuen Generation von Indern, sie repräsentieren die unglaublich schnelle Entwicklung, die in Indien stattgefunden hat. Mit Wachstumsraten von durchschnittlich sechs Prozent pro Jahr hat sich das Bruttoinlandsprodukt (BIP) von Indien seit 1980 auf das Zehnfache erhöht. Auf einen Einwohner entfällt jetzt durchschnittlich ein BIP von 1500 Dollar pro Jahr, und das Land hat 1,25 Milliarden Einwohner. Die Wirtschaftsleistung wird zu 56 Prozent durch Dienstleistungen erbracht, nur zu 22 Prozent durch die Industrie und zu 22 Prozent durch die Landwirtschaft. Indien hat bewusst auf die Ausbildung von Fachkräften der Informationstechnologie gesetzt. Offensichtlich liegt diese Tätigkeit den Indern, und Mitglieder aller Kasten einschließlich der Brahmanen dürfen sie ausüben. Weil praktische Tätigkeiten für die höheren Kasten verboten sind, haben Mathematik und theoretische Physik eine große Tradition in Indien; das Land hat bedeutende Forscher auf diesen Gebieten hervorgebracht. Unabhängig von Albert Einstein entdeckte Satyenda Nath Bose die Statistik der Teilchen mit ganzzahligem Spin, der „Bosonen", und Subramaniam Chandrasekar erklärte als Erster den Gravitationskollaps von Supernova-Sternen.

Informatikausbildung und Software-Industrie haben einen Schwerpunkt in Bangalore, wo neben den großen Software-Unternehmen Infosys, Wipro, SAP, Oracle und Microsoft auch Daimler und General Electric ein Forschungszentrum unterhalten. 700 internationale Unternehmen betreiben Forschung und Entwicklung in Indien. Jährlich verlassen 300.000 Absolventen im IT- und Ingenieurbereich die 180 Universitäten und 6000 spezialisierten Hochschuleinrichtungen, davon 75.000 qualifizierte IT-

Ingenieure. Insgesamt beschäftigt die indische IT-Industrie drei Millionen Menschen. Indische Unternehmen bearbeiten inzwischen die Verwaltungssoftware für Banken, Versicherungen und andere Unternehmen in Europa und den USA. Zu den Kunden gehören auch deutsche Konzerne wie Siemens und Allianz. Während in Europa Nacht herrscht, bereiten diese Firmen die Daten für den folgenden Tag vor. Auf diese Weise sind schon etwa 200.000 Arbeitsplätze der IT-Industrie durch Outsourcing nach Indien verlagert worden. Bill Gates, der Gründer von Microsoft, ist inzwischen davon überzeugt, dass es in Indien und China mehr Informatiktalente gibt als in Amerika. Bei einer Vorstellung der zehn besten Nachwuchstalente seines eigenen Betriebes musste er feststellen, dass neun Informatiker mit asiatischem und nur einer mit amerikanischem Namen sich für die Auszeichnung qualifiziert hatten.

Die Firma IBM investierte seit dem Jahr 2007 in Bangalore zehn Milliarden Dollar in die dortige Filiale. Die Zahl der Mitarbeiter in Indien stieg auf 150.000 im Jahr 2013 und soll weiter wachsen. Das indische Softwarehaus Tata Consultancy Services in Mumbai beschäftigt weltweit 305.000 Mitarbeiter und setzt 13 Milliarden Dollar um, der Wettbewerber Infosys in Bangalore hat 160.000 Mitarbeiter und sieben Mrd. Dollar Umsatz. Auch die deutsche SAP hat in Bangalore ein Software-Entwicklungszentrum mit mehreren Tausend Mitarbeitern.

Neben der Dienstleistungsindustrie hat Indien aber auch bedeutende Unternehmen der produzierenden Industrie. Sie sind in Bereichen wie der Textilindustrie, der Gold- und Edelsteinverarbeitung, der Stahlerzeugung, des Maschinenbaus, der Chemie und der Pharmazie tätig. Ein indischer

Konzern, Dr. Reddy's Laboratories, ist inzwischen Eigentümer des deutschen Generika-Hersteller Betapharm in Augsburg.

Der Aufbau der Infrastruktur als Grundlage der Produktion beruht auf den bedeutenden Bodenschätzen Indiens, z. B. an Eisenerz. Der größte Hersteller von Massenstahl weltweit ist die Mittal Steel Corporation. Der indische Unternehmer Lakshmi Mittal begann mit kleinen Stahlwerken in Indien und kaufte seit 1989 weltweit alle maroden Stahlkonzerne auf, die er billig bekommen konnte. Nach interner Umstrukturierung und mithilfe des gewaltigen Stahlbooms, der durch Indien und China angeheizt wurde, werfen diese Werke heute Gewinne ab und machen Mittal mit 66 Millionen Tonnen Stahl zum größten Produzenten weltweit. Mittal übernahm den zweitgrößten Produzenten von Massenstahl, die luxemburgisch-französisch-spanische Arcelor trotz des Widerstands der luxemburgischen und französischen Regierung Das vereinigte Unternehmen betreibt in 27 Ländern 61 Stahlwerke und ist Weltmarktführer auf dem Sektor des Massen- und des Edelstahls.

Die Wirtschaftsleistung Indiens hat durch Industrie und Dienstleistungsunternehmen schnell zugenommen, aber der Wohlstand zeigt sich nur in den Städten. Das bisher ungelöste Problem der größten Demokratie der Welt ist die ungleiche Verteilung des Einkommens. Mehr als die Hälfte der Bevölkerung lebt auf dem Land in großer Armut, ein Viertel ist unterernährt, während der kleinere gut ausgebildete Teil der Bevölkerung in den Städten sich einen gewissen Luxus leisten kann. Indien ist der weltweit größte Verarbeiter von Gold, davon werden 500 Tonnen pro Jahr zu

Schmuck verarbeitet. Selbst Tempel bekommen mitunter goldene Dächer.

Der Energiebedarf Indiens steigt mit dem schnellen Anstieg der Wirtschaftskraft und dem Anwachsen der Bevölkerung. Jährlich vermehrt sich die Bevölkerung um 15 Millionen Menschen, das Durchschnittsalter liegt bei 26 Jahren. Ein Regierungsprogramm zur Sterilisierung von Männern gegen eine Geldprämie wurde nach kurzer Zeit aufgegeben. Fruchtbarkeit, besonders aber ein männlicher Nachkomme, gehört zu den Werten der indischen Kultur und Religion. Deshalb wächst die indische Bevölkerung schneller als die chinesische. Heute leben in Indien 1,25 Milliarden Menschen.

Die Energieversorgung hält mit diesem Wachstum nicht Schritt. Während in den indischen Städten 88 Prozent der Haushalte an das Stromnetz angeschlossen sind, sind es auf dem Land nur 43 Prozent. Es gibt noch viele Dörfer ohne Elektrizität, 400 Millionen Menschen müssen ohne Strom auskommen. Diese Lücken müssen prioritär geschlossen werden. Auch der zunehmende Verkehr benötigt Treibstoffe. Wie in China gibt es kaum Erdöl im Land, sodass jährlich etwa 140 Millionen Tonnen Öl eingeführt werden müssen, zum großen Teil aus dem Iran.

Indien hat im Jahr 1947 unter der Führung Mahatma Gandhis durch gewaltlosen Widerstand seine Unabhängigkeit erlangt. Der Aufbau der Infrastruktur begann mit der Elektrifizierung durch Kohlekraftwerke. Gegenwärtig stammt der indische Strom zu 60 Prozent aus Kohle, zu 25 Prozent aus Wasserkraft, Wind und Sonne, zu zehn Prozent aus Erdgas und zu fünf Prozent aus Kernenergie. Die gesamte Kraftwerkskapazität beträgt 250 Gigawatt. Diese reicht aber nicht aus, um den wachsenden Bedarf zu decken. So gab es im Juli 2012 einen landesweiten Blackout, bei dem – zusätzlich zu den 400 Millionen Einwohnern ohne Stromanschluss – 360 Millionen Menschen ohne Strom waren. Die Kernenergie, die auf eigener Forschungs- und Entwicklungsarbeit beruht, trägt erst ca. fünf Prozent bei. Die indischen Reaktoren sind meist kleine Anlagen mit 200 Megawatt Leistung. Der Beitrag zur Stromerzeugung soll jedoch in den nächsten Jahren wesentlich erhöht wer- den. Zurzeit betreibt Indien 20 Kernreaktoren mit einer Leistung von 5,3 Gigawatt. Sechs Kernkraftwerke mit ins- gesamt 3,9 Gigawatt sind im Bau.

Auch die erneuerbaren Energien werden systematisch ausgebaut. So will man die heute installierte Windkraftleis- tung von 18 Gigawatt bis zum Jahr 2019 um 16 Gigawatt erhöhen. Solarenergie soll ebenfalls eingesetzt werden, um 4500 Dörfer erstmals mit Strom zu versorgen. Die Vor- aussetzungen dafür sind in dem sonnenreichen Land mit tropischem Klima sehr gut; denn die Zahl der jährlichen Sonnenstunden ist doppelt so groß wie in Deutschland. Die Regierung von Premier Narendra Modi plant, die So- larkapazitäten von heute drei Gigawatt Nennleistung bis 2019 auf 100 Gigawatt zu steigern. Betrachten wir den Ausstoß des Treibhausgases Kohlendioxid, so liegt Indien inzwischen mit 2,4 Milliarden Tonnen auf dem dritten Platz hinter China und den USA. Während Indiens Wirt- schaftsleistung pro Einwohner etwa ein Fünftel der chine- sischen beträgt, setzt das Land ein Viertel an Energie ein. Indien ist es bisher nicht gelungen, die Zahl der Kohle- kraftwerke zu begrenzen. Das Wirtschaftswachstum wird mit erhöhtem Bedarf an elektrischer Energie einhergehen. Die Steigerung der Stromerzeugungskapazität von 100.000 auf 250.000 Megawatt innerhalb von zehn Jahren beruhte vorwiegend auf dem Zubau von Kohlekraftwerken. Daher stellt sich die Frage: Wie kann dieses Wachstum ohne massive weitere Steigerung des Kohlendioxidausstoßes verwirklicht werden?

Die Planungskommission der Regierung will bis zum Jahr 2031 das jährliche Wachstum von acht bis zehn Prozent aufrechterhalten. Dazu will sie in diesem Zeitraum den Primärenergieeinsatz auf das Drei- bis Vierfache und die Stromerzeugung auf das Fünf- bis Siebenfache steigern. In erster Linie soll dazu die Kohle dienen. Dies wird zu einem entsprechend erhöhten Ausstoß von Kohlendioxid führen. Eine Entlastung der Atmosphäre könnte nur die vermehrte Nutzung der erneuerbaren Energien und der Kernenergie bringen. „Die Nuklearenergie bietet Indien die besten Chancen für Energiesicherheit. Der Ausbau der Kernenergie wird als grundlegend betrachtet", heißt es in dem Bericht der Planungskommission.

Dabei kooperiert Frankreich mit Indien in der Kerntechnologie, wie es in einem Abkommen zwischen Ministerpräsident Manmohan Singh und Präsident Jacques Chirac vereinbart wurde.

Auch die Vereinigten Staaten vollzogen eine historische Kehrtwende. Anstatt Indien, das den Kernwaffensperrvertrag nicht unterzeichnet hat, weiter zu isolieren, bemühen sich die USA seit 2006 darum, Kernkraftwerke und Brennelemente an Indien zu liefern. In einer ersten Vereinbarung verpflichtete sich Indien, seine militärische und zivile Kerntechnik zu trennen und den zivilen Teil der IAEA in Wien zu unterstellen. Die USA begannen dann, Kerntechnologie und Brennstoffe zu liefern. Im Januar 2015 belebten Präsident Obama und Premier Narendra Modi den Nuklearpakt von 2006, der noch keine großen Auswirkungen gehabt hatte. Der Grund lag in den ungeklärten Haftungsfragen bei Unfällen, die nach indischem Recht zu Lasten der Hersteller gehen sollten. Die beiden Länder einigten sich nun auf einen Versicherungspool, der für US-Firmen den Einstieg in Indien ermöglicht.

Die Rede ist nun von Investitionen in Höhe von 182 Milliarden Dollar für 40 neue Reaktoren. Damit soll die nukleare Kapazität von jetzt sechs Gigawatt auf 63 Gigawatt etwa verzehnfacht werden.

Die amerikanischen Pläne stehen in Konkurrenz zu russischen Angeboten. Russland ist der traditionelle Lieferant für Kernreaktoren in Indien, gerade ging im Januar 2015 ein russischer Reaktor ans Netz. Bei einem Besuch im Dezember 2014 hatte der russische Präsident Vladimir Putin angeboten, 20 neue Reaktoren russischer Bauart zu liefern. Der indische Präsident Narendra Modi sprach von zehn großen russischen Reaktoren.

Das benötigte Uran wird Australien liefern, das „Saudi-Arabien des Urans". Die Lieferungen wurden bei einem Besuch des australischen Ministerpräsidenten John Howard in Neu Delhi in Begleitung von Vertretern der uranabbauenden Rohstoffkonzerne BHP Billion und Rio Tinto vereinbart.

Deutschland steht abseits. Kerntechnische Anlagen liefern wir nicht, da Indien den Nichtweiterverbreitungsvertrag nicht unterschrieben hat. Kohlekraftwerke können sie selbst oder mit japanischer oder koreanischer Hilfe bauen. Die indischen Windkraftfirmen sind größer als die deutschen, und Solarzellen bezieht Indien billig aus China.

Deutschland hat auf dem Energiesektor wenig zu bieten. In der indischen Handelsstatistik rangiert Deutschland hinter Belgien. Für Indien sind wir kein wichtiger Partner.

4

Die deutsche Energiewende

4.1 Das Erneuerbare-Energien-Gesetz

Im Jahre 1999 plante die rot-grüne Regierung unter Bundeskanzler Schröder, die Stromerzeugung aus Solarenergie und Windkraft verstärkt zu fördern und die Laufzeit der Kernkraftwerke zu verkürzen. Die Laufzeiten wurden von Wirtschaftsminister Werner Müller einvernehmlich mit der Industrie ausgehandelt, wobei für jedes Kraftwerk die Menge der zukünftig ins Netz einzuspeisenden elektrischen Energie festgelegt und garantiert wurde. Das Gesetz zur Energieeinspeisung aus erneuerbaren Energien (EEG) sah vor, den Investoren von neuen Anlagen zur Stromerzeugung aus Solarenergie, Windenergie, Wasserkraft, Biomasse, Geothermie und Deponiegas für die Einspeisung des Stroms eine bestimmte Vergütung zu garantieren und diesem Strom vor allen anderen Erzeugungsarten Priorität einzuräumen. Die Vergütung wird für das Jahr der Inbetriebnahme und die folgenden 20 Jahre gezahlt. Die Differenz zwischen dem Preis der Einspeisung und dem am Markt zu erlösenden Preis verteuert den Strompreis für die Abnehmer durch eine staatlich festgelegte Umlage.

© Springer-Verlag GmbH Deutschland, ein Teil von Springer Nature 2015
K. Kleinknecht, *Risiko Energiewende*,
https://doi.org/10.1007/978-3-662-46888-3_4

Das Gesetz trat am 1. April 2000 in Kraft. Es hatte von Anfang an einen rein planwirtschaftlichen Charakter, weil es nicht ein abstraktes Ziel fördert, z. B. die CO_2-freie Stromerzeugung, und dann den Markt entscheiden lässt, wie dieses Ziel am besten zu erreichen ist, sondern es belohnt bestimmte technische Erzeugungsmethoden detailliert mit Preisen für die Einspeisung.

Das Gesetz liest sich wie ein Geschäft zu Lasten Dritter: Die Regierung will die Industrie und private Investoren zum Bau von Stromerzeugungsanlagen aus Sonne und Windkraft anregen und bietet dafür hohe Subventionen. Aber diese werden nicht aus dem Bundeshaushalt bezahlt, sondern aus der Tasche der privaten Stromkunden, die dazu gar nicht befragt wurden.

Solch ein Gesetz fordert geradezu die Einflussnahme der interessierten Industrien heraus, und so war es dann auch. Der konkrete Fall betrifft die Einflussnahme des Solarunternehmers und Lobbyisten Frank Asbeck auf den Abgeordneten Hans-Josef Fell (Grüne), der im Jahr 1999 energiepolitischer Sprecher der Fraktion der Grünen im Bundestag war. Herr Fell hat in einem Zeitungsinterview offen darüber berichtet, dass bei der Abfassung des Gesetzes über Erneuerbare Energien (EEG) Herr Asbeck direkten Einfluss auf die Formulierung des Gesetzes durch Herrn Fell genommen hat.[1] Er hat erreicht, dass im EEG von 2000 der Fördersatz für die Einspeisung von Strom aus Photovoltaikanlagen von dem ursprünglich geplanten Betrag von etwa 22 Cent pro Kilowattstunde auf 50,6 Cent pro kWh erhöht und so festgeschrieben wurde. In Herrn Fells Worten lautet

---

[1] Frankfurter Allgemeine Sonntagszeitung 23. 10. 2011, Seite 44.

das so: „Mit Asbecks Argumentationshilfe konnten wir uns auf 99 statt 44 Pfennig pro Kilowattstunde einigen."

Hier hat also ein Lobbyist direkt am Gesetzestext mitgearbeitet. Dadurch erzielte die Firma Solarworld, an der Frank Asbeck als Vorstand und Anteilseigner beteiligt ist, in den Folgejahren einen großen Absatz ihrer Photovoltaikanlagen und entsprechend große Millionengewinne. Zum Dank hat die Firma Solarworld in den Jahren 2005, 2007 und 2009 an die Bundestagsfraktion von Bündnis90/Die Grünen jeweils fünfstellige Beträge gespendet.

Das EEG, mit dem Renditen von mehr als 10 Prozent über 20 Jahre lang garantiert wurden, verursachte eine Lawine von Investitionen und eine rasant ansteigende Summe der Umlage auf den Strompreis. Die Umlage stieg von 2000 bis 2009 auf jährlich fünf Mrd. Euro, danach auf 20 Milliarden Euro im Jahr 2013, entsprechend 6,24 Cent pro Kilowattstunde. Durch die langjährige Zahlungsverpflichtung entsteht ein riesiges Kostenvolumen; schon die bis 2013 installierten Anlagen werden bis zum Ende ihrer Laufzeit 2033 Kosten von 428 Milliarden Euro verursachen, das ist die Größenordnung eines ganzen Bundeshaushaltes. Jeder deutsche Haushalt hat jetzt schon die Verpflichtung, diese Kosten anteilig zu übernehmen, ohne vorher gefragt worden zu sein. Selbst wenn wir den Anteil der Industrie herausrechnen, bleibt für jeden Haushalt eine Belastung von ca. 3000 Euro. Das ist die optimistische Berechnung, wenn das EEG mit dem heutigen Tage beendet würde. Aber wenn das EEG mit kleinen Korrekturen weiterläuft, so wie das jetzt geplant ist, steigen die Kosten weiter an. Mit jeder neuen Anlage kommen neue Kosten hinzu. Offensichtlich waren den Gesetzgebern die wirtschaftlichen Folgen des

EEG nicht bekannt, oder sie haben sie gleichgültig hingenommen.

Aber ein Punkt war der Regierung doch klar: dass diejenigen Industriezweige, die einen hohen Stromverbrauch bei der Produktion ihrer Güter benötigen, von den erwarteten Preissteigerungen ausgenommen werden müssen, damit sie in Deutschland weiter produzieren können. Zwar sagte der Vorsitzende der Ethikkommission, Klaus Töpfer, der Anteil der Stromkosten an der Bruttowertschöpfung der deutschen Industrie betrage nur drei Prozent. Diese Aussage muss er wider besseres Wissen getan haben, denn auch ihm dürfte bekannt sein, dass der Anteil für die Aluminiumherstellung 60 Prozent, ähnlich für die Kupferherstellung, für die Produktion von Carbon-Composites 40 Prozent, für die Herstellung von Industriegasen 45 Prozent, für die Förderung von mineralischem Kunstdünger 38 Prozent, für die Papier- und Zementproduktion 30 Prozent, für die Herstellung von Textilfasern 25 Prozent usw. beträgt.[2] Der Anteil von drei Prozent dürfte allenfalls für Rechtsanwaltsbüros, Verwaltungsstellen, Forschungsinstitute oder Gemeindeverwaltungen gelten.

Im EEG wurde jedenfalls geregelt, dass Betriebe, die mehr als 1 GWh elektrische Energie im Jahr verbrauchen, von der Umlage ausgenommen werden sollen[3]. Sie zahlen nur 0,05 Cent/kWh. Das betrifft ungefähr die Hälfte des Strombedarfs der Industrie, für die andere Hälfte zahlt auch die Industrie die volle Umlage, das sind ca. 13 Milliarden Euro.

---

[2] Prof. Franz Mayinger, TU München.
[3] GWh (Gigawattstunde) = 1 Millionen kWh (Kilowattstunde); 1 TWh (Terawattstunde) = 1 Milliarden kWh; 1 kWh ist die Energiemenge, die bei einer Leistung von 1000 W innerhalb von einer Stunde umgesetzt wird.

Was waren die Auswirkungen des EEG auf die Stromversorgung? Der Anteil der erneuerbaren Energiequellen an der Stromerzeugung hat sich im Jahr 2014 auf ca. 27 Prozent der jährlichen Elektrizitätsmenge erhöht. Dieser Anteil wird von der Photovoltaik durchschnittlich an 2,4 Stunden pro Tag, von der Windenergie an Land an etwa 4,1 Stunden pro Tag bereitgestellt. Die zeitliche Verfügbarkeit wird auch nicht höher, wenn weitere PV- und Windkraftanlagen gebaut werden, denn die Sonne scheint nicht bei Nacht, und die Windverhältnisse sind im gesamten küstennahen Gebiet, wo Windkraftanlagen Erträge abwerfen, gleichartig. Diese hohen Gleichzeitigkeitsfaktoren führen nach einer eingehenden Analyse dazu, dass ein Drittel der bis 2022 zusätzlich geplanten Windenergie und 40 Prozent der zusätzlich geplanten PV-Einspeisung exportiert werden müssen.[4]

So haben wir mit riesigen Kosten eine zweite fluktuierende und teure Stromerzeugungskapazität aufgebaut, deren Folgekosten alle Stromverbraucher mindestens weitere 20 Jahre belasten werden. Mit diesen zusätzlichen Kosten von 20 Milliarden Euro pro Jahr könnte man das gesamte deutsche Universitätssystem von ca. 60 Hochschulen finanzieren. Alternativ könnte man mit dieser Summe die marode Infrastruktur unserer Straßen, Brücken, Bahngeleise und Krankenhäuser sanieren, was sinnvoller wäre als der Aufbau einer doppelten und teuren Stromversorgung. Im Ausland wird insbesondere die lange Garantie der Subvention als schwerer Fehler bezeichnet: Der chinesische Wissenschaftsminister Wan Gang erklärte anlässlich eines Besuches des

---

[4] Prof. Marc-Oliver Bettzüge, Universität Köln „Nationaler Hochmut oder cui bono? Ökonomische Betrachtungen zur deutschen Energiewende", in: *Physik Journal* 13 (2014), S. 33.

bayerischen Ministerpräsidenten Seehofer im Herbst 2014: „Wenn man die erneuerbaren Energien fördert, muss man rechtzeitig aussteigen; nach drei oder fünf Jahren sollten die Subventionen beendet werden."

Da die fluktuierenden Stromquellen nichts zur Stabilität des Netzes beitragen, ist die Versorgungssicherheit zunehmend gefährdet. In Abschn. 4.4 komme ich darauf zurück.

4.2 Die Ethikkommission

Im Jahre 1755 zerstörte ein katastrophales Erdbeben das Stadtzentrum von Lissabon, die überlebenden Einwohner flüchteten an den Hafen, wo das Meer zurückgewichen war. Kurz darauf brach eine zehn Meter hohe Tsunami-Welle über den Hafen herein und begrub den Rest der Stadt unter sich. Die Hauptstadt der Weltmacht Portugal war ausgelöscht, und mit ihr kamen 60.000 Menschen in den Fluten um, Bibliotheken und Gemälde waren verloren. Ganz Europa war in Erschütterung und Mitgefühl vereint. Alle bedeutenden Philosophen der Zeit beteiligten sich an der nun folgenden Diskussion mit der drängenden Frage, ob das herrschende Weltbild eines gerechten Gottes und einer prästabilierten Harmonie der Schöpfung noch gültig sein könne. Eine europäische „Ethikkommission" zählte Immanuel Kant, Gotthold Ephraim Lessing, Jean-Jaques Rousseau und Voltaire zu ihren Mitgliedern. Kant versuchte in mehreren Schriften, eine naturwissenschaftliche Erklärung für das Beben zu geben. Aber die Mehrheit der Philosophen hing am alten Weltbild, besonders Rousseau hielt an dem gerechten Gott, der Theodizee des Leibniz, fest und schrieb die Schuld an der Katastrophe der menschlichen Zivilisation zu. Die Menschen hätten eben in ihrem Technikwahn zu nahe am Wasser und zu eng und hoch gebaut. Im Übrigen solle man zurück zur Natur.

Der Einzige, der aus diesem Ereignis radikale Schlüsse zog und mit der Vorstellung vom gerechten Gott brach, war Voltaire. In seinem weitverbreiteten Gedicht – „*Poeme sur le désastre de Lisbonne*" – schrieb er: „Man muss gestehen, das Übel ist auf Erden: Wir wissen nicht, warum? Woher es stammt? Hat, der das Gute schuf, das Übel mitgeschaffen?" Voltaire schloss daraus, dass wir aktiv an rationalen Veränderungen des gegenwärtigen Zustandes arbeiten sollen: „Wenn auch nicht alles auf der Welt zum Besten steht, so kann doch alles verbessert werden." Nach der Dreifach-Katastrophe von Japan folgen die Franzosen ihrem rationalen Voltaire, während die Deutschen eher Rousseaus Haltung zuneigen und zurück zur Natur wollen, allerdings ohne auf ihren Lebensstil mit hohem Energieverbrauch zu verzichten.

Am 11. März 2011 richteten ein Erdbeben der Stärke 9,0 auf der Richter-Skala und der nachfolgende Tsunami an der Ostküste Japans ungeheure Verwüstungen an. In der Flutwelle des Tsunami ertranken 19.000 Menschen. Das Kernkraftwerk in Fukushima Daiichi steht unmittelbar an der Küste des pazifischen Ozeans, zehn Meter über dem Meeresspiegel. Die Reaktoren wurden sofort nach dem Erdbeben planmäßig abgeschaltet, als Notstromversorgung der Pumpen wurden 12 Dieselgeneratoren gestartet. 45 Minuten nach dem Erdbeben traf eine Tsunamiwelle von 15 Meter Höhe auf die Küste. Da die Schutzmauer nur 5,70 Meter hoch war, traf die Welle die Reaktoren und löschte die laufenden Notstromdieselmotoren aus. Es folgte eine Überhitzung des Reaktorinneren und eine sogenannte Kernschmelze. Die folgende Havarie fand in den deutschen Medien ein viel größeres Echo als die Katastrophe durch die Tsunami-Welle.

Im Vorfeld der baden-württembergischen Landtagswahl am 27. 3. 2011 reagierte die Bundeskanzlerin mit überstürzten Aktionen. Obwohl Erdbeben in Deutschland tausendmal schwächer sind, und obwohl Tsunamis nicht vorkommen, beschloss die Regierung vier Tage nach dem Unfall ein Moratorium für die acht älteren Kernkraftwerke. Außerdem wurden zwei Kommissionen eingesetzt: Die Reaktorsicherheitskommission sollte die Sicherheit der deutschen Kernkraftwerke unter Berücksichtigung des Fukushima-Havarie nochmals bewerten, und eine „Ethikkommission" sollte beurteilen, ob die Nutzung der Kernenergie technisch und ethisch vertretbar sei. Die von der Bundeskanzlerin und Klaus Töpfer ausgesuchte Kommission sollte eine Begründung für den schon gefassten Beschluss zum schnellen Ausstieg liefern. Sie sollte begründen, was rational nicht leicht zu verstehen war, hatten doch die Fraktionen der Regierungskoalition sechs Monate zuvor eine Verlängerung der Laufzeiten der als sicher eingestuften Kernkraftwerke beschlossen. Der Soziologe Ulrich Beck nennt das die machiavellistische Wendigkeit der Kanzlerin. Man kann heute das Gegenteil von dem tun, was man gestern verkündet hat, wenn es die eigenen Chancen bei der nächsten Wahl erhöht.

Um eine lange Debatte im Bundestag und seinen Ausschüssen über eine so wichtige Frage zu vermeiden, sollte ein außerparlamentarisches Gremium den nötigen Druck aufbauen. Dazu war es notwendig, für die Kommission nur solche Mitglieder auszuwählen, mit deren Kooperation man rechnen konnte. Deshalb waren nach den Worten eines Mitglieds der Kommission „genau die Forscher, um die es am ehesten gegangen wäre – die Reaktorsicherheitsfachleute oder Spezialisten für Energietechnik und Energiesysteme – nicht vertreten". Neben Theologen, Soziologen, Juristen, Politikern und Gewerkschaftern waren die einzigen Mitglieder mit naturwissenschaftlichem Hintergrund Wissenschaftsmanager im öffentlichen Dienst.

Der Spiritus Rektor der Kommission, Klaus Töpfer, verkündete dann auch öffentlich das Ergebnis der Kommissionsarbeit, bevor diese begonnen hatte. Eine Abweichung von dieser Meinung war nicht vorgesehen. Dabei hat sich in Deutschland durch den Unfall in Japan sachlich nichts verändert: Die Sicherheit unserer Kernkraftwerke ist gleich geblieben, Tsunamis kommen nicht vor, Erdbeben sind tausendmal schwächer als in Japan, und gegen Flugzeugentführer helfen Passagierkontrollen und Vernebelungsstrategien. Durch die politisch schon getroffene Entscheidung der Bundeskanzlerin zum Ausstieg hatte die Kommission wie erwähnt nur noch die Aufgabe, die Begründung zu liefern und den Zeitrahmen festzulegen.

Ein Mitglied der Kommission schrieb mir im Oktober 2011: „Die Mitwirkung in der Ethikkommission stand unter der Prämisse Ausstieg aus der Kernenergie und möglichst intensiver Einstieg in die erneuerbaren Energien. Die Frage war deshalb, unter welchen Rahmenbedingungen eine solche Veränderung der Energieversorgung in Deutschland realisiert werden könnte, und eine besondere

Herausforderung war natürlich auch die Benennung eines Zeitrahmens."

Diesen Zeitrahmen hat die Kommission dann auch genannt, ohne die Folgen realistisch zu übersehen, was auch dem Zeitdruck der Beratungen geschuldet sein kann. Sie nannte: „ein Jahrzehnt", wobei sie allerdings einige Bedingungen stellte, die dann später übergangen oder vergessen wurden. Die Empfehlung der Ethikkommission zum Ausstieg aus der Nutzung der Kernenergie in einem Jahrzehnt war ein folgenschwerer Fehler, denn dieser Zeitrahmen genügt nicht, um eine sichere Ersatzversorgung aufzubauen.

Dabei ist erstaunlich, dass die Kommission einerseits forderte, der Zeitrahmen für den Ausstieg müsse so bemessen sein, dass eine alternative Stromerzeugung aufgebaut werden kann, aber andererseits sich für kompetent hielt, dafür den engen Zeitrahmen eines Jahrzehnts zu empfehlen. An keiner Stelle des Berichtes wird der Versuch unternommen, für diese kühne Forderung eine konkrete quantitative Begründung zu geben. Für die Umstellung unserer gesamten Stromversorgung und damit unserer Wirtschaft ist dieser Zeitraum, der weniger auf rationalen Überlegungen als auf dem Prinzip Hoffnung beruht, unrealistisch.

Das erwähnte Mitglied relativiert die Aussage der Kommission, indem es schreibt: „Die Ethikkommission hat deshalb auch nicht wirklich eine Jahreszahl benannt, sondern den Zeitraum eines Jahrzehntes. Damit wollten wir auch zum Ausdruck bringen, dass das letzte Kernkraftwerk erst dann abgeschaltet werden sollte, wenn eine sichere Energieversorgung Deutschlands durch entsprechende Alternativen tatsächlich realisiert ist."

Dieser feine Unterschied wurde dann von der Politik ignoriert, ohne zu wissen, ob die Voraussetzungen für eine sichere Stromversorgung bis zu diesem Zeitpunkt vorliegen werden.

Die Regierung und der Bundestag haben aus der ungefähren Angabe „ein Jahrzehnt" dann eine konkrete Jahreszahl 2022 gemacht, ohne die Folgen zu übersehen. Unter Zeitdruck konnten der Bundestag und seine Ausschüsse keine breite öffentliche Diskussion führen. Es fehlt bis heute eine belastbare empirische Begründung, die die Fragen der Versorgungssicherheit, der Finanzierbarkeit, der Auswirkungen auf die wirtschaftliche Entwicklung und die soziale Gerechtigkeit hätte behandeln müssen.

Der Bundesrechnungshof hat noch im August 2014 die Merkel'sche Energiewende in scharfer Form kritisiert. Sie sei „unkoordiniert, überstürzt und zu teuer". Im Gegensatz zum Ausstiegsplan der Regierung Schröder, der mit der Industrie abgestimmt war und von dieser als realisierbar eingeschätzt wurde, ist dieses Gesetz ohne Anhörung der Industrie und gegen sie beschlossen worden. Dadurch müssen die vier überregionalen Energieversorger große Vermögensverluste hinnehmen, die ihre Fähigkeit, in den Aufbau der erneuerbaren Energien und der benötigten fossilen Kraftwerke zu investieren, schwächt. Die Unternehmen wurden teilenteignet. Die Verluste treffen beim Unternehmen RWE die Eigentümer, das sind die Kommunen und Städte in NRW.

Mit der Reaktion auf den Unfall in Fukushima steht die Bundesregierung in Europa und der Welt ziemlich isoliert da. Die Kommission hat ja nicht die Meinung vertreten, es sei unethisch, Kernenergie zu betreiben. Und wenn andere

Staaten zu dem Schluss kommen, weiter auf Kernenergie zu setzen, ist das durchaus moralisch vertretbar.

Warum kam die Ethikkommission zu dem Ergebnis, für Deutschland sei (aus ethischen Gründen?) der schnelle Ausstieg geboten, während die meisten unserer Nachbarn und alle großen Staaten der Welt zur Reduzierung ihrer Treibhausgasemissionen Kernenergie nutzen oder ausbauen? Hier wird aus der Ethikkommission plötzlich eine Sachverständigenkommission, die über physikalische und technische Fragen ein Urteil abgibt. Sie sah sich offenbar als kompetent an, und war „der festen Überzeugung, dass der Ausstieg aus der Nutzung der Kernenergie innerhalb eines Jahrzehnts … abgeschlossen werden kann" (Seite 4 des Berichts).

Hier macht eine Kommission ohne Energieexperten eine weitreichende wissenschaftliche Aussage, die profundes Sachwissen voraussetzt. Die Kommission glaubt offenbar, dass der zu jeder Sekunde verfügbare und benötigte Grundlaststrom aus Kernkraftwerken durch die zeitlich variablen und volatilen Beiträge von Wind und Sonne ersetzt werden kann. Sowohl die Windkraft wie die Photovoltaik liefern Strom nur für günstige Zeitperioden. Die volle Leistung erreichen Windkraftwerke an Land durchschnittlich während vier Stunden und im Meer während zehn Stunden am Tag, die Photovoltaik während zweieinhalb Stunden am Tag. Die Grundlast an Strom für Industrie und Haushalte wird zurzeit von Kohle und Kernkraft getragen. Diesen Bedarf an gesicherter Leistung können die erneuerbaren Energiequellen für die absehbare Zukunft nicht zuverlässig liefern.

Auch macht die Kommission keine Aussagen darüber, wie die notwendigen 3000 Kilometer Hochspannungsleitungen von den Windkraftanlagen an der Küste zu den südlichen Bundesländern und die fünffache Kapazität an Pumpspeicherkraftwerken in den Mittelgebirgen in diesem kurzen Zeitraum gebaut werden sollen. Das Risiko eines großflächigen Stromausfalls wird nicht ernst genommen. Im Jahr 2011 konnte die fehlende Strommenge aus den französischen und tschechischen Kernkraftwerken importiert werden. Durch den Zubau der fluktuierenden Stromquellen Wind und PV entsteht heute umgekehrt zeitweise ein Überschuss an Strom, den wir den Nachbarn aufdrängen. Wir importieren und exportieren den Strom nach unserem Bedarf und versuchen das Risiko an die Nachbarn weiterzureichen.

Die Kommission behauptet auch, dass „die wirtschaftlichen Risiken der Alternativenergien nach heutiger Sicht überschaubar und begrenzbar" seien. Diese Einschätzung könnte sich als falsch herausstellen, denn durch die staatlich festgelegten Einspeisungsgebühren für Photovoltaik und Windkraft und andere Steuern werden die Stromabnehmer bis zum Jahre 2035 mit weit mehr als 400 Milliarden Euro belastet. Die deutschen Strompreise für Industrie (mit Ausnahme der energieintensiven Unternehmen) und Privatkunden liegen schon heute 80 Prozent über den französischen Preisen, und sie steigen weiter. Die energieintensiven Industriezweige, die Aluminium, Kupfer, Karbonfasern, Silizium oder Zement herstellen, werden von den Preissteigerungen verschont, aber diese Sonderregelung wird von der Europäischen Kommission als nicht wettbewerbsneutral eingestuft. Trotzdem wurde sie schließlich von der EU geduldet. Ohne diese Sonderregelung hätten diese Unternehmen keine Chance, in Deutschland weiter zu produzieren. Sie müssten abwandern. Eine weitere Fehleinschätzung der Ethikkommission liegt in den widersprüchlichen Aussagen zur Emission des Treibhausgases CO_2. Auf Seite 22 heißt es: „Fossilbefeuerte Kraftwerke mit einer Leistung von 11 Gigawatt…werden ans Netz gehen", was einer Mehremission von etwa 90 Millionen Tonnen CO_2 pro Jahr entspricht. Auf Seite 21 heißt es aber, die Klimaziele für 2020, das heißt die Reduktion der Emissionen um 30 Prozent oder 300 Millionen Tonnen pro Jahr gegenüber 1990 seien „zu erreichen". Allerdings hat die Kommission diese Einschätzungen an zwei Voraussetzungen geknüpft: dass neue innovative Konzepte zur Reduzierung der CO_2-Emissionen entwickelt und großflächig umgesetzt werden.

Ein Kommissionsmitglied schreibt: „Schließlich hat die Ethikkommission darauf verwiesen, dass die Kohle der Energieträger des 21. Jahrhunderts sein wird und es deshalb darum geht, das Konzept *„clean coal"* unbedingt voranzubringen. Bei der Gasversorgung bzw. Nutzung von Erdgas als Energieträger geht es beispielsweise auch darum, mit den unkonventionellen Shale Gas- oder Tight Gas-Vorkommen entsprechend umzugehen."

Das erste der beiden Konzepte beinhaltet die Verflüssigung des aus dem Rauchgas der Kohlekraftwerke entnommenen Kohlendioxids und die Einpressung des flüssigen Gases in Hohlräume in tiefen Schichten der Erde (*Carbon Capture and Storage*, CCS). Die zweite Innovation ist die Gewinnung von Schiefergas aus dem Untergrund, die in den USA zu einer neuen Quelle von landeseigenem kostengünstigem Erdgas geführt hat. Die Bundesregierung hat beide Möglichkeiten in Betracht gezogen, dann aber nach ersten Protesten von Umweltgruppen aufgegeben. Die begleitenden Maßnahmen, die die Ethikkommission als Voraussetzungen für den Ausstieg genannt hat, wurden also stillschweigend übergangen. Die Folge ist, dass Braunkohlekraftwerke die Lücke schließen, die die Kernkraftwerke hinterlassen haben, und somit die CO_2-Emissionen ansteigen.[5]

Als Fazit kann man festhalten: Der überstürzte Ausstieg aus der Nutzung der Kernenergie und das planwirtschaftliche EEG haben schwerwiegende Folgen. Deutschland wird für die sichere Grundversorgung mehr Strom aus Kohle- oder Gaskraftwerken benötigen, die sich aber nicht mehr rechnen, weil sie nicht subventioniert werden. Um die Mittagszeit im Sommer oder zu Zeiten starken Winds werden die Netze überlastet, sodass der Strom an die Nachbarländer verschenkt werden muss. In windstillen Winternächten dagegen wird Strom importiert werden müssen. Die Strompreise sind im europäischen Vergleich hoch und werden weiter steigen.

Auf lange Sicht muss in Süddeutschland Strom aus den Kernreaktoren der Nachbarländer Frankreich, Tschechien und der Schweiz eingeführt werden, um Stromausfälle zu vermeiden. Insgesamt ist das Verteilernetz instabiler geworden und wird weiter an Stabilität verlieren, bis hin zur Gefahr eines Blackouts. Die CO_2-Emissionen sind gegenüber dem Jahr 2010 angestiegen und werden weiter ansteigen, die Klimaziele der Regierung können nicht erreicht werden. Der Anstieg der Strompreise durch die Einspeisung der erneuerbaren Energien wird Deutschland als Standort

---

[5] Der Abschlussbericht der Ethikkommission findet sich unter: http://www. bmbf.de/pubRD/2011_05_30_abschlussbericht_ethikkommission_property_publicationFile.pdf.

für viele Industriezweige benachteiligen und Arbeitsplätze gefährden.

Deutschland geht ein großes Risiko ein: Die reale Gefahr besteht darin, dass alle drei Ziele einer rationalen Energieversorgung verfehlt werden – Versorgungssicherheit, Bezahlbarkeit und Klimaverträglichkeit.

4.3 Die Ausstiegsgesetze

Schon drei Tage nach der Havarie von Fukushima entschied die Bundesregierung, alle 17 deutschen Kernkraftwerke einer Sicherheitsüberprüfung zu unterziehen und dazu die sieben ältesten Kraftwerke für drei Monate stillzulegen. Dieses „Moratorium" ist kein Gesetz, sondern eine Anordnung an die betroffenen Bundesländer. Es wurde begründet mit einer „vorsorglichen Gefahrenabwehr" nach dem Atomgesetz von 2010. Am 16. 3. 2011 wies Umweltminister Röttgen die Landesregierungen an, diese Stilllegungsanordnung an die Betreiber weiterzuleiten, was am 18. 3. 2011 geschah, ohne die Betreiber anzuhören. Diese Anordnung war nach dem Urteil des Hessischen Verwaltungsgerichtshofes vom 27. 3. 2013 rechtswidrig. Nach Maßgabe der praktischen Vernunft sei in Deutschland ein Erdbeben der Stärke 9.0, ein Tsunami oder eine Kombination von beidem ausgeschlossen. Auch der frühere Präsident des Bundesverfassungsgerichts, Hans-Jürgen Papier, erklärte, dass die Anordnung keine Rechtsgrundlage hatte, weil kein rechtswidriger Zustand beim Betrieb bestanden habe und weil eine akute Gefahr nicht vorlag, auch von der Bundesregierung nicht behauptet wurde. Eine abstrakte Gefahrenvorsorge oder ein Gefahrenverdacht genüge nicht. Das Urteil des hessischen VGH wurde vom Bundesverwaltungsgericht am 14. 1. 2014 bestätigt. Es eröffnet den Betreibern die Möglichkeit einer zivilrechtlichen Schadenersatzklage. Diese Klagen sind inzwischen eingegangen.

Nachdem die Ethikkommission ihren Bericht am 30. 5. 2011 abgeliefert hatte, beschloss das Kabinett am 6. 6. 2011 das Ausstiegsgesetz, dem der Bundestag am 30. 6. 2011 mit der Verabschiedung des „13.Gesetzes zur Änderung des Atomgesetzes" folgte. Damit wurden acht Kernkraftwerke abgeschaltet, die übrigen neun haben noch unterschiedliche Laufzeiten bis zum Jahr 2022.

Nachdem der Bundesrat ebenfalls zugestimmt hatte, trat das Gesetz am 6. 8. 2011 in Kraft.

Der schwedische Betreiber Vattenfall hat die Bundesregierung 2012 beim Internationalen Schiedsgericht für Investitionsstreitigkeiten ICSID in Washington auf 4,7 Milliarden Euro Schadensersatz wegen der Stilllegung seiner Kernkraftwerke Krümmel und Brunsbüttel verklagt. Der Energie-Charta-Vertrag (ECT), den Schweden und Deutschland unterzeichnet haben, schützt ausländische Investoren vor Eingriffen in Eigentumsrechte und sichert ihnen eine stets faire und gerechte Behandlung zu.

Von den Konsequenzen des Ausstieges, dem notwendigen Netzausbau und den Speichermöglichkeiten für Strom handeln die beiden nächsten Unterkapitel.

4.4 Ausbau der Stromnetze

Bis zum Jahr 2000 beruhte die deutsche Stromversorgung auf den zwei Säulen der Verbrennung von Kohle und Erdgas und der Kernenergie. Auch heute noch sind die Großkraftwerke die wichtigsten Produzenten von elektrischer Energie. Ein solches Großkraftwerk kann eine elektrische Leistung von mehr als einer Milliarde Watt oder einem Gigawatt (Gigawatt) ins Netz einspeisen, und zwar gleichmäßig rund um die Uhr bei Tag und Nacht. Bei einer jährlichen Betriebsdauer von 8000 Stunden erzeugt ein solches Kraftwerk eine Energie von 8000 Millionen Kilowattstunden, ausreichend für den gesamten Bedarf der Stadt München mit 1,5 Millionen Einwohnern und Industriebetrieben. Etwa 20 solcher Kraftwerke, die vorwiegend mit Braunkohle und Kernenergie beheizt werden, gibt es in Deutschland. Weitere hundert kleinere Kohle- und Gaskraftwerke ergänzen die „gesicherte Leistung", die zu jeder Zeit abrufbar ist.

Die elektrische Energie der Kraftwerke wird zunächst in ein Höchstspannungsnetz oder Übertragungsnetz eingespeist. Es verbindet die Kraftwerke und erlaubt es, Schwankungen in der Produktion oder im Bedarf auszugleichen. Außerdem gibt es Koppelstellen, mit denen das deutsche Übertragungsnetz mit dem der Nachbarn Frankreich, Schweiz, Österreich, Tschechien und Polen verbunden ist. So kann zusätzlicher Bedarf in Nachbarländern bedient werden oder eine zeitlich begrenzte Überproduktion zu den Nachbarn umgeleitet werden, denn eine einmal erzeugte Energiemenge muss verwendet werden. Das Höchstspannungsnetz nutzt Freileitungen mit hohen Masten und eine elektrische Spannung von 380.000 V oder 380 kV. Durch den Stromfluss werden die Leiter erwärmt, ein Teil der Energie geht als Wärme verloren. Das Höchstspannungsnetz hat zurzeit eine Länge von 35.000 Kilometern, muss jedoch ergänzt werden.

Um die elektrische Energie zu den Verbrauchern zu bringen, wird die vom Höchstspannungsnetz gelieferte Spannung regional auf eine niedrigere Spannung „transformiert". Das ist bei Wechselstrom mit Transformatoren leicht zu erreichen. Die nächste Stufe der Verteilernetze, das Hochspannungsnetz, wird mit 110 kV betrieben. Es bedient die Großabnehmer der Industrie und die Umspannwerke, in denen eine weitere Transformation auf 20 kV stattfindet. Die letzte Stufe des Verteilernetzes bilden die Niederspannungsnetze, die bis zu den Endabnehmern in den Häusern führen, meistens durch Erdkabel. An der Steckdose erhält man schließlich aus dem 400-V-Drehstromsystem den einphasigen Wechselstrom mit einer Spannung von 230 V, die Niederspannung.

Mit Erlass des Gesetzes über erneuerbare Energien (EEG) im Jahr 2000 wuchs der Anteil der sog. erneuerbaren Energiequellen (Windkraft, Photovoltaik und Biomasse) an der Stromerzeugung durch Subventionierung auf 27 Prozent im Jahr 2014. Windkraft (WK) und Photovoltaik (PV) liefern ihre volle Leistung allerdings nur für ca. 4,1 Std. (WK) bzw. 2,4 Std. (PV) am Tag.[6] Diese neuen Stromquellen ändern die Anforderungen an die Netze in zweifacher Weise: Einerseits wird Strom aus PV-Anlagen in der umgekehrten Richtung von Haushalten in das Niederspannungsnetz gespeist, das dafür nicht vorgesehen war; andererseits hat der Strom aus WK und PV Priorität, d. h. andere Kraftwerke werden herunter- und bei Bedarf wieder hochgefahren.

---

[6] http://www.eeg-aktuell.de

Früher waren die Auslegung der Netze und die Bereitstellung der Kraftwerksleistung ausschließlich vom Bedarf der Stromverbraucher bestimmt. Dieser Bedarf war aus der Erfahrung vorhergehender Jahre leicht abzuschätzen, und so konnte die benötigte Leistung eingeplant werden. Auch besondere Ereignisse, wie die Pausen in Fernsehübertragungen von Sportsendungen, oder der Beginn der kalten Jahreszeit mit erhöhtem Strombedarf, konnten berücksichtigt werden. Insgesamt musste in einem Jahr nur weniger als zehnmal direkt in die Lastverteilung eingegriffen werden.

Das hat sich durch die Installation einer großen Anzahl von Stromerzeugern mit stark fluktuierender Leistungsabgabe drastisch geändert. Wenn z. B. an einer Stelle eine große PV-Anlage mit 100.000 Solarmodulen oder eine Windfarm mit einer maximalen Leistung von 20 Megawatt installiert ist, variiert die ins Netz eingespeiste Leistung zwischen 20 Megawatt und null. Zu einem Zeitpunkt, an dem die Geräte ihre maximale Leistung bringen, weil starker Wind weht oder die Sonne hochsteht, reicht die elektrische Leistung kurzzeitig aus, um den Bedarf einer Kleinstadt mit 10.000 Einwohnern zu decken. Kurze Zeit später kann die Leistung auf null absinken, und ein Ersatzkraftwerk muss einspringen bzw. zugeschaltet werden. Dazu muss im Netz eine entsprechende Steuerung vorgenommen werden.[7] Die Zahl solcher Eingriffe in das Verteilernetz hat sich nach der Energiewende auf mehr als tausend pro Jahr oder drei pro Tag drastisch erhöht. Die Stabilität des Netzes nimmt entsprechend ab. Im Februar 2012 konnte ein durch den Ausfall von Sonne und Wind verursachter Zusammenbruch

---

[7] http://www.erneuerbare-energien.de/die-themen/netzintegration-erneuerbarer-energien/

des Netzes, ein sog. Blackout, gerade noch verhindert werden. Durch die Bevorzugung der fluktuierenden Stromquellen im EEG müssen die konventionellen Kraftwerke als Reservekraftwerke dauernd herunter-oder heraufgefahren werden. Das ist eine große Belastung für diese Anlagen, die daher achtmal schneller verschleißen als bei konstantem Betrieb. Dadurch wird volkswirtschaftliches Vermögen verschleudert, die Verluste treffen wieder dieselben Unternehmen, die schon durch das Ausstiegsgesetz teilenteignet wurden. „Die Kraftwerke müssen rauf und runterfahren wie die Blöden" sagt der Energie-Professor Harald Weber aus Rostock.

Da die Leistung von Windkraft- und Photovoltaikanlagen wetterbedingt stark fluktuiert oder völlig ausfällt, müssen ständig konventionelle Ersatzkraftwerke bereitstehen. Zudem muss, um die 50-Hz-Frequenz der Netzspannung im gesamten Verbundnetz stabil zu halten, eine Leistung von ca. 2700 Megawatt, also von zwei großen Kraftwerken, als Regelleistung verfügbar sein. Die Netzfrequenz darf nicht um mehr als 0,1 Hz von der Frequenz 50 Hertz abweichen. Diese Stabilität der Netzfrequenz wird zurzeit nur durch die rotierenden Massen der konventionellen Kraftwerke gewährleistet. In der Sprache der Elektrotechnik drückt man das so aus, dass die großen Synchrongeneratoren neben der Wirkleistung auch sog. Blindleistung abgeben können. Die regenerativen Energieeinspeisungen liefern derzeit keinen Beitrag zur Leistungsfrequenzregelung. Denn sie laufen über einen Gleichstromzwischenkreis und einen netzfrequenzgeführten Wechselrichter und sind daher dynamisch entkoppelt. Die Wechselrichter sind zwar mit bipolaren Transistoren (IGBT) ausgerüstet und können die Phasenlage im Netz messen, aber die Phasenlage und die Frequenz des erzeugten Wechselstroms richten sich nach wie vor nach den großen Synchronmaschinen. Die regenerativen Stromquellen sind „netzfrequenzgeführt". An den großen rotierenden Massen hängt die Stabilität des Netzes. Bei einem überwiegenden Anteil von regenerativen Quellen könnte sie nicht mehr garantiert werden.

Eine weitere Schwierigkeit ergibt sich aus der regionalen Verteilung der Anlagen: Windkraftanlagen (WKA) werden vorwiegend in Gebieten mit optimalen Windstärken eingesetzt, d. h. an den Küsten und in Norddeutschland. In Süddeutschland sind die Windgeschwindigkeiten geringer und die Leistungen entsprechend kleiner. Bei der halben Windgeschwindigkeit erzeugt dieselbe Windkraftanlage nur ein Achtel der Leistung. Deshalb finden wir im Norden Deutschlands eine Überkapazität an Windkraftanlagen, während der große Energiebedarf in den Industriezentren im Süden besteht. Die im Süden installierten PV-Anlagen erzielen die beste Leistung überwiegend mittags im Sommer. Weiterhin entsprechen Zeiten hoher Stromproduktion oft nicht den Zeiten hohen Bedarfs. Da eine Speicherung der elektrischen Energie in dem benötigten Umfang zurzeit nicht möglich ist, muss die überschüssige Windenergie von Nord nach Süd transportiert werden. Nach Berechnungen der Deutschen Energieagentur DENA ist dazu der Bau von mindestens 3600 Kilometer an Höchstspannungsleitungen bis 2020 notwendig (Abb. 4.1).[8] Bis Mitte 2014 wurden nur etwa 320 Kilometer davon gebaut. In vielen Regionen gehen Bürger und Kommunalpolitiker gegen die Stromtrassen auf die Straße. In Bayern hat sich sogar die

---

[8] Netzentwicklungsplan 2014: http://www.netzentwicklungsplan.de/ und http://www.netzentwicklungsplan.de/_NEP_file_transfer/NEP_2014_1_Entwurf_Uebersichtskarten.pdf

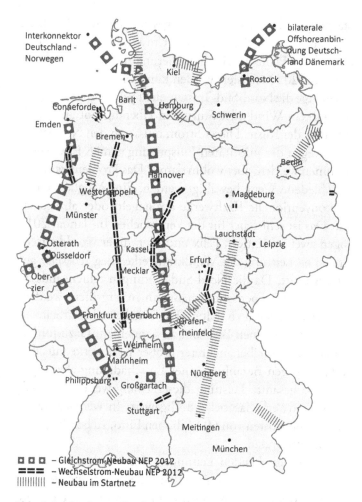

Abb. 4.1 Geplanter Neubau von Stromtrassen bis 2023 nach dem Netzentwicklungsplan. (Quelle: NEP 2013, Stand März 2013, www. netzentwicklungsplan.de)

Staatsregierung dem Protest angeschlossen und blockiert die Bauvorhaben. Unter diesen Umständen ist es zweifelhaft, ob die Pläne der Bundesregierung zum Netzausbau bis zum Jahr 2020 realisiert werden können.

Solange die Nord-Süd-Trassen nicht gebaut sind, entsteht bei starkem Wind oder Sturm ein Überangebot an Windstrom an der Küste. Dieser Strom muss von den Netzbetreibern wegen der prioritären Einspeisung gemäß EEG abgenommen werden, aber wohin damit? Das Problem kann auf verschiedene Weise bewältigt werden. Eine Möglichkeit ist es, konventionelle Kraftwerke abzuregeln oder abzuschalten. Das ist sehr teuer für die Verbraucher. Im Januar 2015 zogen zwei Sturmtiefs, Felix und Elon, über Norddeutschland. Die Leistung der Windkraftwerke stieg zeitweise auf 30 Gigawatt. Da die Nord-Süd-Leitungen fehlen, müssen zahlreiche Kompensationsmaßnahmen ergriffen werden, um das Netz stabil zu halten. Die Netzbetreiber arbeiteten am Limit, um einen Blackout zu vermeiden. Dazu forderten sie die Betreiber mehrerer großer Kraftwerke auf, ihre Anlagen gegen Bezahlung einer Entschädigung abzuschalten. Die gesamte Leistung dieser zwangsweise abgeschalteten Kraftwerke lag bei 4,8 Gigawatt. In wenigen Tagen entstanden Kosten von 60 Millionen Euro, zu bezahlen von den Stromkunden.

Da die bestehenden Leitungen von Nordost nach Süd nicht für so große Leistungen ausgelegt sind und der Bau neuer Trassen nur schleppend vorankommt, gibt es eine zweite Möglichkeit: Der Strom nimmt den Umweg des geringsten Widerstands über Polen und Tschechien. Das ist üblich, abgesichert durch internationale Verträge, doch die Nachbarn im Osten sind immer weniger gewillt, mit ihren

Netzen für deutsche Versäumnisse geradestehen zu müssen. Deshalb will der polnische Netzbetreiber PSE riesige Phasenschieber an den Koppelstellen an der Grenze einbauen, um den Stromfluss abblocken zu können.

Kommen die Phasenschieber, die PSE bei Siemens bestellt hat, so erhöht das den Druck auf das deutsche Netz. Um Überlastungen zu vermeiden, werden vermehrt in Deutschland Anlagen zur Erzeugung von Strom aus erneuerbaren Quellen vom Netz genommen, obwohl diese Kapazitäten erst zuletzt abgeschaltet werden dürfen.

Im Jahr 2011 war dies laut dem deutschen Netzbetreiber 50 Hertz bereits an 46 Tagen im Jahr der Fall. „Das ist klimapolitischer und volkswirtschaftlicher Unsinn", sagt der Sprecher des Unternehmens 50 Hertz, Volker Kamm. Der dann fehlende, öffentlich gestützte Strom aus erneuerbaren Energien – für den ein Ausfall an die Anlagenbetreiber gezahlt werden muss – muss dann in Süddeutschland durch Atomstrom aus Tschechien und Frankreich ersetzt werden.

Die umgekehrte Situation zu den Zeiten eines Sturmtiefs tritt bei Windstille im Winter ein. Dann fällt die Leistung der Windkraftanlagen nahezu auf null, von der Photovoltaik kommt auch keine Leistung, insbesondere bei Nacht. Wenn dann noch weitere Kernkraftwerke vom Netz gehen, wie im Jahr 2015 und 2017 vorgesehen, dann kann die Versorgung in Bayern in Schwierigkeiten kommen. Denn die thüringische Strombrücke wird im Jahr 2017 keinesfalls gebaut sein, und der bayerische Plan, anstelle des Windstroms aus dem Norden eigene Gaskraftwerke zu bauen, verlief im Sande. Niemand baut solche Gaskraftwerke, sogar das effizienteste seiner Art in Irsching ist stillgelegt wegen mangelnder Rentabilität.

Als Fazit kann man feststellen So lange es keine ausreichenden, effizienten und bezahlbaren Speichermöglichkeiten für den fluktuierenden Strom aus Wind- und Solaranlagen gibt, ist der Bau von Hochspannungstrassen von Nord nach Süd notwendig und vordringlich. Die Realisierung dieser Leitungen und Konverteranlagen stellt eine große technische und finanzielle Herausforderung dar. Sie wird nicht im vorgesehen Zeitrahmen bis 2020 umzusetzen sein, und daraus werden sich gefährliche Engpässe in der süddeutschen Stromversorgung ergeben.[9]

4.5 Speicherung der elektrischen Energie

Die Leistungen von Windkraft (WK) und Photovoltaik (PV) schwanken zeitlich im Tages- und Nachtrhythmus und je nach Jahreszeit im ganzen Land. Wenn in Deutschland die Sonne scheint, dann fast überall zur ähnlichen Zeit. Auch beim Ertrag der Windkraftanlagen gibt es einen hohen Gleichzeitigkeitsfaktor. Das bedeutet, dass zur Mittagszeit im Sommer im Süden eine Überangebot an PV-Leistung ins Netz drängt, während bei Winterstürmen die Leistung der Windkraft an der Küste und in Norddeutschland nicht abgenommen werden kann. Wenn in einer windstillen Februarnacht weder Solar- noch Windstrom erzeugt wird, muss die Lücke durch Kohle- oder Gaskraftwerke gefüllt werden. In den Berechnungen der Bundesnetzagentur

---

[9] http://www.dpg-physik.de/veroeffentlichung/physik_konkret/pix/Physik_Konkret_18-korrigiert.pdf

werden die gesicherte Leistung der Photovoltaikstroms mit null und die gesicherte Leistung der Windkraft mit einem Prozent der installierten Leistung bewertet.

Zeitlicher Verlauf

Den zeitlichen Verlauf der Einspeisung von Strom aus Windkraft und Photovoltaik (PV) an der Leipziger Strombörse EEX illustrieren die beiden Abb. 4.2 und 4.3 für einige Monate in den Jahren 2012 bzw. 2014. Sie zeigen im Februar 2012 die kritischen Tage, an denen Wind und Sonne fast nichts zum Bedarf beitrugen, sodass zwischen dem 8. und 10. Februar eine kritische Situation, ein „Beinahe-Blackout", eintrat. Im Juni 2014 sieht man die mittäglichen Stromspitzen aus der Photovoltaik und relativ wenig Windstrom.

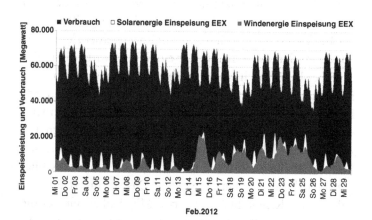

Abb. 4.2 Zeitlicher Verlauf der Einspeisung von Wind- und Solarstrom und des Verbrauchs im Februar 2012 (© Rolf Schuster, EEX)

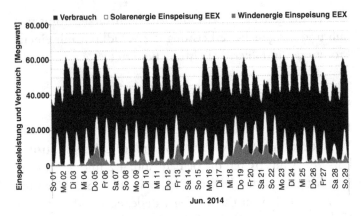

Abb. 4.3   Zeitlicher Verlauf der Einspeisung von Wind- und Solarstrom und des Verbrauchs im Juni 2014 (© Rolf Schuster, EEX)

Windkraftwerke lieferten im Jahr 2014 ihre volle Nennleistung nur während durchschnittlich 4,1 Stunden am Tag und Photovoltaik-Solarzellen während 2,4 Stunden am Tag.[10] Andererseits muss der Strom aus diesen Quellen wegen des EEG-Gesetzes prioritär abgenommen werden. Wenn die Sonne im Sommer scheint oder ein Wintersturm bläst, gibt es bisher bei überschüssiger Produktion in einer Region vier Möglichkeiten: Der Strom kann innerhalb Deutschlands in eine andere Region geleitet werden, er kann ins Ausland verschenkt oder gegen eine vom deutschen Netzbetreiber zu zahlende Gebühr abgegeben werden. Alternativ müssen konventionelle Kraftwerke heruntergefahren und anschließend wieder hochgefahren werden. Das verringert ihre Effizienz und Rentabilität. Als letzte Möglichkeit gibt es die Abschaltung der Wind- oder Solarkraftwerke. Für den nicht gelieferten Strom beziehen sie trotzdem die Einspeisegebühr.

---

[10] http://www.eeg-aktuell.de - Arbeitsgemeinschaft Energiebilanzen.

Stattdessen wäre es sinnvoll, die überschüssige elektrische Energie für längere Zeiträume oder wenigstens für die Dauer eines Tages zu speichern. Im zeitlichen Durchschnitt sind die Energiemengen, um die es hier geht, beträchtlich: An einem Tag des Jahres 2014 fielen durchschnittlich 140 GWh Windenergie und 90 GWh Solarenergie an, an manchen Tagen das Vielfache davon, an manchen gar nichts.[11] Welche Möglichkeiten der Speicherung gibt es?

Speicherung der Energie aus Solar- und Windkraftanlagen

Elektrischer Strom in dieser Größenordnung kann mit hoher Effizienz über lange Zeiträume zurzeit nur in Pumpspeicherkraftwerken gespeichert werden. Der überschüssige Strom wird verwendet, um Wasser aus dem Unterbecken im Tal in das Oberbecken zu pumpen. Bei Bedarf kann das Wasser durch ein Fallrohr ins Tal stürzen und dort eine Turbine antreiben. Der Wirkungsgrad, d. h. der Prozentsatz der wiedergewonnenen elektrischen Energie, liegt bei 80 Prozent. In der größten deutschen Anlage in Goldisthal in Sachsen kann eine Energie von 8,4 GWh gespeichert werden, die maximal abrufbare Leistung beträgt 1 Gigawatt. Das Oberbecken ist also nach acht Stunden Betrieb leer. Die Investitionskosten bezogen auf die installierte Leistung liegen bei 600 Euro pro Kilowatt. Die Speicherkosten betragen etwa 2,5 bis 5 ct/kWh, wenn man jeden Tag einen Zyklus mit acht Stunden Leistungsabgabe annimmt. Die

---

[11] H. Alt, FH Aachen, Stromerzeugung aller Wind- und Photovoltaik-Anlagen in Deutschland 2013, Hilfsblatt 123-14, Daten von G. Borgolte, R. Schuster, Daten der Strombörse EEX.

Speicherkapazität aller Anlagen in Sachsen, Bayern und im Schwarzwald beträgt 40 GWh[12] reicht also nur aus, um ein Fünftel des durchschnittlichen Tagesertrags aus Wind und Sonne zu speichern. Dieses Szenario setzt voraus, dass die nötigen neuen Übertragungsleitungen von Nord nach Süd schon gebaut sind, um die Energie der Windkraftanlagen im Norden zu den Speichern im Süden zu bringen. Der Bau der Trassen wird allerdings länger dauern als geplant, weil es überall politischen und juristischen Widerstand dagegen gibt.

Der Ausbau der Speicher im Süden hätte höchste Priorität, stößt allerdings ebenfalls auf den Widerstand der Anwohner. Mögliche Standorte liegen in den Mittelgebirgen, also im Schwarzwald oder in den bayerischen Voralpen. In Baden-Württemberg wenden sich die Anwohner und Umweltverbände sowie Parteivertreter gegen den Ausbau des Schluchseekraftwerks bei Atdorf. In Bayern erkundete eine vom Wirtschaftsministerium eingesetzte Kommission 16 mögliche Standorte. Aber schon bei dem einzigen konkreten Projekt am Jochberg mit dem Unterbecken Walchensee war der Widerstand so groß, dass die Staatsregierung das Bauprojekt im September 2014 aufgegeben hat.

Eine andere Möglichkeit der Stromspeicherung bieten Druckluftspeicher. Luft wird zu Zeiten eines hohen Stromangebots auf 70 bar komprimiert und in unterirdische Höhlen oder Kavernen in Salzstöcken gepresst. Die einzige deutsche Anlage in Huntorf (Niedersachsen) umfasst ein Volumen von 300.000 Kubikmeter. Im Prinzip könnte man mit der Druckluft eine Gasturbine antreiben, aber bei der Ausdehnung der Luft kühlt sie sich ab, sodass sich Eis

---

[12] H. Gasser, Arbeitskreis Energie der DPG, Tagungsband 2012, S. 128.

bildet. Deshalb speist man die gespeicherte Druckluft in den Kompressor eines Gaskraftwerks ein. Dadurch wird der Wirkungsgrad der Turbine erhöht und ein Teil der bei der Speicherung aufgewendeten Energie wiedergewonnen. Die Effizienz liegt aber nur bei 40 Prozent, da die Wärme der bei der Kompression erhitzten Luft im Salz des Speichers verlorengeht.

Eine Weiterentwicklung dieses Prinzips sind adiabatische Druckluftspeicher. Die bei der Kompression entstehende Wärme soll in einem Wärmespeicher zwischengespeichert werden. Ein solches Projekt – Adele – soll 2016 ins Versuchsstadium gehen. Ob das Projekt verwirklicht wird, ist fraglich, da der früher vorhandene Preisunterschied zwischen Tag- und Nachtstrom kleiner geworden ist. Auch ist die Speicherkapazität der Druckluftspeicher nicht hinreichend groß.[13]

Wenn man die Größenordnung der insgesamt zu speichernden Energie betrachtet, bieten chemische Speicher eine weitere zukünftige Speichermöglichkeit. Wasserstoffgas kann durch Elektrolyse von Wasser erzeugt werden und unter Druck in Kavernen gespeichert werden. Wasserstoff ist sehr flüchtig, und das Entweichen muss verhindert werden. Wasserstoff-Luft-Gemische können explodieren (Knallgas). Außerdem kann man eine Gasturbine nicht mit Wasserstoff betreiben, um wieder elektrische Energie zurückzugewinnen. Die Rotorschaufeln würden korrodieren. Deshalb wird vorgeschlagen, den Wasserstoff zu Methan umzuwandeln und das Methan im vorhandenen

---

[13] M. Sterner, M. Jentsch, U. Holzhammer, Gutachten für Greenpeace, Fraunhofer Institut für Windenergie und Energiesystemtechnik (IWES Kassel), Feb. 2011.

Gasleitungssystem zu speichern. Das gewonnene Methan kann dann in einem Gaskraftwerk verbrannt werden. Diese Methode (*„power-to-gas-to-power"*) erlaubt die Speicherung des Methangases im existierenden Rohrleitungssystem, ist allerdings sehr ineffizient; nur ein Drittel der eingesetzten Windkraftenergie steht am Ende als Elektrizität wieder zur Verfügung.[14] Die technische Umsetzung steckt noch in den Kinderschuhen, der Wirkungsgrad der Elektrolyse ist bei fluktuierendem Stromangebot aus Wind oder Sonne geringer als bei konstantem Strom, und die Elektrolysezellen können sogar unter diesen wechselnden Stromstärken defekt werden. Das erzeugte Methan ist zurzeit wesentlich teurer als das russische Erdgas oder das Flüssiggas aus Katar.

Für kleinere dezentrale Einheiten sind Batterien das geeignete Instrument zur Speicherung der unregelmäßig anfallenden Stromproduktion aus Sonne und Wind. Hier liegt die Größenordnung der benötigten Speicherkapazität bei zehn bis 50 kWh für die Pufferung von Produktionsspitzen bei Windanlagen und größeren Photovoltaikflächen. Zur Speicherung des Stroms aus einer Dachanlage im Einfamilienhaus genügt eine Batterie mit einer Kapazität von ca. fünf kWh.

Außer den altbekannten Bleiakkumulatoren, die als Starterbatterien in Autos millionenfach eingesetzt werden, gibt es Natrium-Schwefel-Batterien, Redox-Flow-Batterien und Lithium-Ionen-Akkumulatoren.

Die Natrium-Schwefel-Batterie enthält flüssiges Natrium und Schwefel bei 300 Grad Celsius. Die beiden Elemente dissoziieren oder verbinden sich bei Aufladung oder Ent-

---

[14] F. Schüth, MPI für Kohleforschung (Mülheim), FAZ 13. März 2013, S. N2.

ladung. Die ständige Heizung des Gemischs reduziert die Effizienz des Systems. Die Speicherkosten liegen mit 15 bis 30 ct/kWh sehr hoch. In einem Sonderfall konnte für einen solchen Speicher bei einem Windpark eine Kapazität von 200 MWh erreicht werden.

Redox-Flow-Batterien nutzen die Übergänge zwischen verschiedenen Oxidationsstufen von Vanadium zur Speicherung. Die Größe der Vorratstanks bestimmt die speicherbare Energiemenge, während die Fläche der Elektroden die maximale Leistung festlegt. Die Batterieflüssigkeit aus Vanadiumsalzen ist sehr teuer, weshalb sich dieser Bautyp nicht durchgesetzt hat.

Die größte Verbreitung bei kleinen Energiemengen und das größte Entwicklungspotenzial haben Lithium-Ionen-Batterien, die in Mobiltelefonen und Laptops und wegen ihres vergleichsweise geringen Gewichts auch in Elektromobilen bevorzugt werden. Während die Akkus in Handys mit einer Energiemenge von etwa sieben Wattstunden bei 3,8 Volt Spannung auskommen, werden für Elektroautos Kapazitäten von mindestens 20 kWh benötigt. Beim aktuellen Stand der Technik kann man für die reine Speicherzelle eine Kapazität von 200 Wh pro Kilogramm Gewicht erreichen. Da die Zellen noch in ein aufwendiges Gehäuse als Schutz bei Unfällen gepackt und gekühlt werden müssen, wird die Batterie doppelt so schwer. Man kommt dann nur auf 80 Wh pro Kilogramm. Dann wiegt eine Batterie für ein Fahrzeug mit einer Reichweite von 150 Kilometern etwa 250 kg. Dieses Gewicht muss an anderer Stelle am Fahrzeug eingespart werden, z. B. indem die Karosserie aus kohlefaserverstärktem Kunststoff gefertigt wird.

Eine ungewöhnliche Verwendung von Lithium-Ionen-Batterien hat ein Berliner Unternehmen in Schwerin verwirklicht: einen Speicher aus 25.600 Lithium-Ionen-Zellen für die Kurzzeitspeicherung von Windstrom. Mit einer Kapazität von 5 MWh und einer maximalen Leistung von fünf Megawatt nimmt der Speicher überschüssigen Strom auf und gibt ihn in der Flaute wieder ab. Ungewöhnlich ist auch der Preis von sechs Millionen Euro, der nur durch Subventionen des Wirtschaftsministeriums aufgebracht werden konnte. Bei der täglich anfallenden Windenergie von 140.000 MWh sind 5 MWh ein verschwindend kleiner Beitrag.

Die Besitzer von Photovoltaikanlagen erzeugen Gleichstrom und speisen den daraus erzeugten Wechselstrom in das Niederspannungsnetz ein, das dafür gar nicht ausgelegt ist und überlastet wird. Eine Entlastung der Netze könnte erreicht werden, wenn alle Besitzer von PV-Anlagen auf ihrem Dach den um die Mittagszeit anfallenden Solarstrom in einigen Batterien im Haus speichern und am Abend zum Betrieb ihrer Hausgeräte benutzen würden. Wenn zwei Millionen Haushalte mit PV-Anlage jeweils Batterien mit 5 kWh Kapazität installieren, würde dies einen lokalen Speicher von 10 GWh bilden. Als weitere Möglichkeit wird die Speicherung in den Batterien zukünftiger Elektromobile diskutiert. Falls in zehn Jahren eine Million solcher Fahrzeuge in Deutschland existieren würde, was sehr unwahrscheinlich ist, könnte in ihren Batterien eine Energie von 20 GWh gespeichert werden. Das wären etwa zehn Prozent der an einem Tag anfallenden Wind- und Solarenergie, falls alle Elektromobile um die Mittagszeit aufgeladen würden. In Wirklichkeit werden sie nachts aufgeladen, wenn keine

Sonne scheint. Für die nächsten zehn Jahre wird diese Speichermöglichkeit also keine Rolle spielen.

Fazit

Für die nächsten zehn Jahre wird es keine Möglichkeit geben, relevante Mengen elektrischer Energie effizient zu speichern. Es bleibt bei der fluktuierenden Einspeisung der Wind- und Solarenergie nur die Möglichkeit, fossile Kraftwerke als regelbare Schattenkraftwerke zu betreiben, die bei überschüssiger Energie aus Wind- oder Solarkraft heruntergefahren werden und bei deren Ausfall als Reserve zur Verfügung stehen. Diese unregelmäßige Betriebsweise der fossilen Kraftwerke ist allerdings ineffizient und unwirtschaftlich. Auch kann die Leistung dieser Kraftwerke nicht beliebig stark und schnell geändert werden.

5

Die neuen Risiken

5.1 Risiko „Stromkosten und soziale Schieflage"

Das EEG wurde im Jahr 2000 beschlossen, um erneuerbare Stromquellen durch Subventionierung zu fördern, insbesondere die Photovoltaik und die Windkraft.

Als Anreiz für Investoren wurde dem Strom aus solchen Quellen ein absoluter Vorrang bei der Einspeisung ins Niederspannungsstromnetz staatlich garantiert. Zusätzlich wurde den Investoren für den abgelieferten Strom ein weit über dem bisherigen Industriepreis liegender Abnahmepreis für 20 Jahre garantiert, der ihnen eine Rendite von ca. zehn Prozent sicherte. Eine solch hohe risikofreie Rendite für 20 Jahre gab es nirgendwo sonst. Entsprechend durchschlagend war der Erfolg des Gesetzes. Allerdings hat der Bundestag das Gesetz zwar in allen Details beschlossen, hat es aber nicht wie bei anderen Gesetzen aus Mitteln des Staatshaushaltes finanziert. Stattdessen hat er die Mehrkosten der Subventionierung quasi als Sondersteuer auf die Stromverbraucher umgelegt. Der Gesamtbetrag, den die Betreiber der Anlagen jedes Jahr dafür erhalten, stieg seit dem Beginn des EEG stetig an und betrug im Jahr 2014 mehr als

© Springer-Verlag GmbH Deutschland, ein Teil von Springer Nature 2015
K. Kleinknecht, *Risiko Energiewende*,
https://doi.org/10.1007/978-3-662-46888-3_5

20 Milliarden Euro. Zieht man davon den realen Wert des Stromes ab, der beim Verkauf an der Strombörse EEX erzielt wird, dann bleiben als Subvention für die Photovoltaik etwa neun Milliarden Euro, obwohl diese Technik nur fünf Prozent des Stromes lieferte; günstiger war die Windkraft mit einer Subvention von 2,7 Milliarden Euro und einem Beitrag von 8,6 Prozent zum Verbrauch. Hier wirkt sich die lange Laufzeit der EEG-Zahlungen und die überhöhte anfängliche Förderung preistreibend aus: Die ersten PV-Anlagen werden heute noch zu ähnlichen Bedingungen wie vor 14 Jahren gefördert. Auf diese Weise ergibt sich ein durchschnittlicher Einspeisepreis für alle Photovoltaikanlagen von 28 ct/kWh. Die Kosten der EEG-Einspeisung werden weiter steigen, weil auch die Kosten für den nötigen und jetzt erst beginnenden Ausbau der Übertragungs- und Verteilernetze auf die Stromverbraucher umgelegt werden und weil die Bereithaltung einer Reserve von Kohlekraftwerken zur Vermeidung von Stromausfällen durch Gesetz erzwungen werden muss, obwohl der Betrieb dieser Kraftwerke unter den gegebenen Umständen nur mit Verlsten aufrechterhalten werden kann. Auch dieser Ausgleich der Verluste geht zu Lasten der Stromverbraucher.

Mit jedem neuen Solardach und jedem neuen Windkraftwerk steigen die Kosten für den Verbraucher, weil der für den Strom an der Börse erzielbare Preis immer weiter sinkt. Wenn die Sonne scheint, dann meistens überall in Deutschland, und auch die Windräder drehen sich überwiegend zur selben Zeit. Die gleichzeitige und fluktuierende Einspeisung hat wegen fehlender Speichermöglichkeit zur Folge, dass der Wert des von EE-Anlagen gelieferten Stroms umso kleiner wird, je mehr von diesen Anlagen in

Betrieb sind[1]. Um flexibel auf den schwankenden Bedarf zu reagieren, bleibt dann als kostengünstigste Möglichkeit, die EE-Anlagen bei Überproduktion abzuschalten.

Da die Bundesregierung und der Bundestag die Gefahr sahen, dass durch die stark erhöhten Strompreise die Existenz vieler Unternehmen gefährdet war, die für ihre Produktion große Mengen elektrischer Energie benötigen, wurden diese Firmen von der Umlage befreit. Es handelt sich u. a. um Unternehmen der Eisen-, Stahl-, Aluminium-, Kupfer-, Silizium-, Chemie-, Papier-, Kohlefaser- und Zementindustrie. Bei manchen dieser Unternehmen schlagen die Energiekosten mit mehr als der Hälfte der Gesamtkosten zu Buche. Sie könnten mit dem durch die EEG-Umlage erhöhten Strompreis nicht mehr in Deutschland produzieren und müssten sich anderswo einen Standort suchen. Obwohl die EU-Kommission diese Befreiung von der Umlage als wettbewerbswidrig einstufte, stimmte sie einer befristeten Ausnahmeregelung zu.

Deshalb trifft die EEG-Umlage zum Strompreis, zurzeit 6,24 ct/kWh, die anderen Verbraucher umso härter. Zusätzlich zum Preis für die Erzeugung, den Transport und die Verteilung des Stroms kommen nämlich in Deutschland noch weitere staatliche Abgaben[2]. Das sind die Konzessionsabgabe für die Kommunen, die Abgabe für die Förderung der Kraft-Wärme-Kopplung, die Haftungsumlage für Off-shore-Windkraft, die Umlage für abschaltbare Lasten und die Abgabe nach der Stromnetzentgeltverordnung. Hinzu kommt die als „Ökosteuer" bezeichnete Strom-

[1] Lamont AD (2008) Energy Economics 30: 1208.
[2] www.de.wikipedia.org/wiki/Erneuerbare-Energien-Gesetz.

steuer, die dem Zweck dient, den Strom gegenüber anderen Energiequellen zu verteuern, sowie die Mehrwertsteuer. Im Jahr 2014 addierten sich diese staatlichen Abgaben für einen Drei-Personenhaushalt zu 15,26 ct/kWh, während die Erzeugung und Verteilung nur 13,87 ct/ kWh des Preises ausmacht. Vom Gesamtpreis von 29 ct/kWh ist also mehr als die Hälfte den staatlichen Abgaben geschuldet. Seit dem Jahr 1998 hat sich der Strompreis um 70 Prozent erhöht, die staatlichen Abgaben haben sich durch die neu hinzukommenden Ökoabgaben beinahe vervierfacht. Die deutschen Privathaushalte zahlen also dreimal mehr als die Verbraucher in Frankreich.

Neben den Privathaushalten sind besonders die kleinen und mittelständischen Unternehmen von den Strompreissteigerungen betroffen. Die mittelständische Industrie zahlt heute Preise um die 19 ct/kWh, doppelt so viel wie in Frankreich.

Diese Verteilung der Lasten führt zu einer sozialen Schieflage. Wenn die Kosten der Subvention richtigerweise aus dem Bundeshaushalt bezahlt würden, müsste jeder Steuerzahler nach seinen Möglichkeiten dazu beitragen. Aber so, wie es das EEG regelt, ist es ein sozial ungerechtes System: Die Geringverdiener und Sozialhilfeempfänger zahlen ebenso viel wie die wohlhabenden Hausbesitzer. Deshalb muss dann die Sozialhilfe erhöht werden. Wer als Hausbesitzer eine PV-Anlage installiert hat, bekommt eine gute Rendite, während alle Mieter einschließlich der Geringverdiener diese Möglichkeit nicht haben.

Die einzige Möglichkeit, den weiteren Anstieg der Strompreise zu vermeiden oder gar eine Absenkung zu erreichen, ist eine grundlegende Reform des EEG.

5.2 Risiko „Abhängigkeit"

Deutschlands Energieversorgung hängt überwiegend von Importen ab. Das beginnt mit dem Erdöl, das aus allen verfügbaren Quellen importiert und dann hier zu Benzin, Diesel und Schweröl raffiniert wird. Von dem benötigten Erdgas im Umfang von 100 Milliarden Kubikmeter pro Jahr stammen 40 Prozent aus Russland, ein Viertel aus der norwegischen Nordsee und ein Fünftel aus den Niederlanden. Nur 16 Prozent werden im Inland gefördert, mit abnehmender Tendenz. Durch die Ostseepipeline können wir Erdgas direkt aus Russland beziehen, ohne vom Transitland Ukraine und den Auseinandersetzungen zwischen Russland und der Ukraine abhängig zu sein. Allerdings ist die Kapazität der Ostseepipeline viel kleiner als die der Leitungen durch die Ukraine und durch Weißrussland.

Wenn die fluktuierende Leistung der Solar- und Windstromlieferanten durch schnell schaltbare Gaskraftwerke ergänzt werden soll, muss der Import von Erdgas beträchtlich ausgeweitet werden. Das ist bei den gegenwärtigen politischen Verhältnissen und dem Konflikt in der Ukraine sehr schwierig. Die Versorgung ist also keineswegs gesichert.

Hinzu kommt ein durch die Energiewende verursachtes Problem: Die großen Versorgungsunternehmen haben wegen der Bevorzugung der erneuerbaren Energien durch prioritäre und subventionierte Einspeisung in das Netz und die erzwungene Abschaltung ihrer einst lukrativen Kernkraftwerke solche Vermögensverluste erlitten, dass sie Unternehmensteile verkaufen müssen. So hat RWE eine Tochtergesellschaft, die Deutsche Erdöl AG (DEA), die sich der Suche nach und Förderung von Erdgas in Niedersachsen, der Entwicklung des Offshore-Ölfeldes Mittelplate im Wattenmeer und dem Betrieb riesiger Untergrundspeicher für Erdgas widmet. DEA ist neben der BASF-Tochter Wintershall der einzige deutsche Gas- und Ölproduzent. Das Unternehmen leistete einen wichtigen Beitrag, um Deutschland von Importen unabhängiger zu machen. Da RWE durch die Energiewende in Schieflage geriet und im Jahr 2013 einen Verlust von 2,8 Milliarden Euro verbuchen musste, war der Verkauf der Tochter DEA ein möglicher Ausweg. Im März 2014 wurde der Kaufvertrag mit dem russischen Oligarchen Michail Fridman über 5,1 Milliarden Euro abgeschlossen, die notwendige Unbedenklichkeitsbescheinigung erteilte der Wirtschaftsminister Gabriel im August. Damit ist die Abhängigkeit von Russland auf dem Sektor „Erdgas" noch größer geworden. Besonders bedenklich ist die Übernahme der großen Gasspeicher von DEA durch Fridman, da diese Speicher als strategische Reserve Deutschlands dienen, um im Fall eines Lieferstopps die Versorgung für drei Monate aufrechterhalten zu können. Deshalb ist es wichtig, weiter ein kooperatives Verhältnis zu unserem größten Gaslieferanten zu pflegen, der uns bisher zuverlässig versorgt hat. Die Absicht der EU, hier eine Front gegen Russland aufzubauen, wäre kontraproduktiv.

Bedauerlich ist auch, dass ausgerechnet das Unternehmen RWE zum Opfer der politischen Energiewende wird, denn die Eigentümer sind die Gemeinden und Städte in Nordrhein-Westfalen, deren wirtschaftliche Situation schon schwierig genug ist.

Eines der anderen großen Versorgungsunternehmen, E.ON, entstand aus der Vereinigung der beiden Konzerne

VIAG und VEBA. Die Tochter E.ON Energie setzt sich aus den ehemaligen Energieversorgern Preußen Elektra und Bayernwerk zusammen. Im bayerischen Versorgungsgebiet liefern die Kernkraftwerke noch heute etwa die Hälfte der elektrischen Energie. Die Verluste werden sich erst im Laufe der Jahre einstellen, wenn die Reaktoren Grafenrheinfeld (2015), Gundremmingen B (2017) und Ohu (2021) abgeschaltet werden müssen. Da bis zu diesem Zeitpunkt die Nord-Süd-Hochspannungstrassen nicht gebaut sein werden, kommt Bayern mit seiner im 24-Stunden-Rhythmus arbeitenden Industrie in Bedrängnis. Vor dem Ausstiegsbeschuss wurde die Grundlast im Land vorwiegend von Kernkraftwerken geliefert, für den Spitzenbedarf dienten Gaskraftwerke. Zwei neue Gas- und Dampfkraftwerke im bayerischen Irsching gingen in den Jahren 2010 und 2011 in Betrieb, zur Zeit der Bauentscheidung schien ein rentabler Betrieb gesichert. Diese Kraftwerke stellen eine technische Spitzenleistung dar; der Wirkungsgrad der Turbinen beträgt 62 Prozent, damit ist Irsching das weltweit effizienteste fossile Kraftwerk.

Aber durch die Regelungen des EEG, die dem Strom aus Solar- und Windkraftanlagen absolute Priorität garantieren, kamen die Gaskraftwerke in den Jahren nach ihrer Fertigstellung nur jeweils 500 Stunden ans Netz. Um die Fixkosten zu verdienen, d. h. um eine schwarze Null zu schreiben, müssten sie aber mindestens 2500 Stunden im Jahr Strom liefern. Deshalb wollte E.ON die Kraftwerke in Irsching kurz nach ihrer Fertigstellung stilllegen. Die Bundesnetzagentur musste das Unternehmen zwingen, die Kraftwerke mit Verlusten weiterzubetreiben, da sie als

Reserve gebraucht werden. Im Januar 2015 beschloss das Unternehmen, die Gaskraftwerke trotzdem stillzulegen.

Da die vorhandenen Gaskraftwerke nicht rentabel arbeiten können, wurde auch kein weiteres gebaut. Um die durch die Abschaltung der Kernkraftwerke entstehende Lücke in Süddeutschland zu schließen, sollten nach dem Bundes-Netzentwicklungsplan 2013 Nord-Süd-Stromtrassen gebaut werden, die den überschüssigen Windstrom von Norddeutschland nach Bayern bringen. Alle Bundesländer stimmten dem Plan zu. Wegen der Proteste der Anwohner rückt der bayerische Ministerpräsident jetzt aber von dem Plan ab und will stattdessen Gaskraftwerke bauen. Diese Alternative würde erfordern, dass auch der Betrieb von Gaskraftwerken subventioniert wird, wodurch sich der Strompreis weiter erhöhen würde.

Da mittelfristig keine grundlegende Änderung oder Abschaffung des EEG in Sicht ist, steuert Bayern, das bisher in der Stromversorgung autark war, einer ungewissen Zukunft entgegen. Ob der Stromimport aus dem Kernkraftwerk Temelin in der Tschechischen Republik und aus Österreich ausreichen wird, die industriellen Produktionsstätten, insbesondere von BMW und Audi, rund um die Uhr in Betrieb zu halten, ist ungewiss. Nach der Einschätzung des damaligen bayerischen Wirtschaftsministers Martin Zeil im August 2012 wird „Bayern (nach der Energiewende) nicht mehr autark sein".

Die einzige bedeutende heimische Energiequelle in Deutschland ist nach dem Auslaufen der Steinkohleförderung die Braunkohle im rheinischen und im brandenburgischen Braunkohletagebau. Sie dient in den Kraftwerken dort zur Stromerzeugung für die Grundlast zu jeder Tageszeit. Seit der Abschaltung einiger Kernkraftwerke im Jahre 2011 nimmt der Anteil des kostengünstigen Braunkohlestroms zu, Braunkohle ist jetzt der größte Stromlieferant in Deutschland, wie es schon von der Ethikkommission vorausgesehen wurde. Die Konsequenz größerer CO_2-Emissionenwurde allerdings von der Kommission ignoriert oder sogar bestritten.

Der Aufbau einer großen Kapazität von subventionierten Stromlieferanten mit fluktuierender Einspeisung vergrößert ebenfalls die Abhängigkeit von unseren Nachbarn. In den Zeiten starker Sonneneinstrahlung, d. h. in der Mittagszeit im Sommer, drängt ein Überangebot an Solarstrom in die Netze. Dieses Überangebot würde das Netz zusammenbrechen lassen, wenn nicht entweder Kraftwerke abgeschaltet oder neue Abnehmer gefunden werden können. Die Abschaltung eines Kohlekraftwerkes ist eine sehr ineffiziente kostspielige Maßnahme, denn die Kohle brennt ja weiter, nur der kostbare heiße Dampf kann wirkungslos in die Umwelt entlassen werden. Deshalb versucht der Netzbetreiber, andere Abnehmer zu finden, z. B. im benachbarten Polen, Tschechien, Belgien und den Niederlanden. Für die benachbarten Netzbetreiber ist das eine unerwünschte Störung. Die polnischen Stromnetze werden fast ausschließlich von Kohlekraftwerken versorgt. Der dortige Netzbetreiber PSE Operator erklärt: „Die Systemsicherheit verschlechtert sich (durch den fluktuierenden deutschen Überschussstrom), trotz der Investitionen ins polnische Leitungsnetz." Deshalb verlangen die polnischen Netzbetreiber für die Abnahme des Stroms eine Gebühr, die pro Kilowattstunde bis zu 50 Cent betragen kann. Da die polnischen Unternehmen diese Störung ihrer Netze zwar dulden, aber für den regelmäßigen Betrieb nicht schätzen, haben sie jetzt zusammen mit dem deutschen Netzbetreiber 50 Hz an der Grenze sogenannte Phasenschieber eingebaut, mit denen der Stromfluss aus Deutschland verhindert werden kann. Jede derartige Anlage kostet 80 Millionen Euro. Wenn diese Anlagen eingeschaltet werden, kann ein Überschuss an Windstrom nur noch durch Abschalten der Windkraftanlagen vermieden werden. Die Betreiber erhalten trotzdem die Gebühr für den nicht gelieferten Strom.

Der Chef der Deutschen Energieagentur dena, Stephan Kohler, kritisiert: „Der Einsatz der Phasenschieber hat zur Folge, dass im Osten Deutschlands noch öfter Windparks abgeschaltet werden müssen, weil der Strom nicht mehr zum Verbraucher gebracht werden kann". Es räche sich jetzt, dass die Energiewende ohne Absprache mit den europäischen Nachbarn beschlossen wurde. Auch Tschechien und die Niederlande denken daran, sich von dem fluktuierenden deutschen Windstrom abzuschotten.[3]

Ein europäischer Stromverbund, der diesen Namen verdient, würde nicht darin bestehen, dass sich die nationalen Netze voneinander abtrennen. Aber das ist die notwendige Konsequenz aus der fluktuierenden Leistungskurve der Photovoltaik und Windkraft in Deutschland: Die nationalen Netze isolieren sich voneinander.

Ein besonders schönes Beispiel für die Diskrepanz zwischen grüner Ideologie und realer Abhängigkeit von Nachbarn ist die Stadt Freiburg in Südbaden.

Ihr grüner Bürgermeister Dieter Salomon verkündete im Jahr 2004 ein hohes Ziel: Im Jahr 2010 sollten zehn Prozent

---

[3] DIE WELT, 28. 12. 2012.

des Stromes aus erneuerbaren Energiequellen stammen, der Stromverbrauch sollte außerdem um zehn Prozent sinken. Im Oktober 2010 zog der Gemeinderat Bilanz: Der Stromverbrauch war um drei Prozent gestiegen, der Anteil der erneuerbaren Energien lag bei 3,7 Prozent wie vor sieben Jahren, fünfmal weniger als im Bundesdurchschnitt. Ein Scheitern auf breiter Front also.

Woher stammen dann 96,3 Prozent der elektrischen Energie? Die Antwort ist einfach: aus Kohle- und Kernkraftwerken im Bundesland und in den benachbarten Ländern. Die Kernkraftwerke im benachbarten französischen Fessenheim und in der Schweiz liefern einen Teil des benötigten Stromes. In der Schweiz wird das Wasser nachts mit Kernenergie in die hochgelegenen Speicher gepumpt, und tagsüber laufen die Turbinen im Tal und liefern „Ökostrom" – auch für das benachbarte Breisgau. Wer solche Nachbarn hat, kann sich mit zwei Prozent Solarenergie „Solarstadt Deutschlands" nennen. Das übrige Deutschland wartet noch auf solche Rechenspiele.

5.3   Risiko „Klima"?

> Die langfristige Voraussage des zukünftigen Klimas ist nicht möglich. (IPCC-Bericht 2001)

Als Klima bezeichnet man die Beschreibung der über längere Zeiträume gemittelten physikalischen Eigenschaften der Erdatmosphäre, also der statistischen Mittelwerte der Temperatur an der Erdoberfläche, des Luftdrucks oder der Zusammensetzung der Atmosphäre über etwa dreißig Jahre. In

der Geschichte der Erde hat sich das Klima auf natürliche
Weise häufig drastisch geändert, Eiszeiten und Warmzeiten
wechselten sich ab. Seit etwa 12.000 Jahren gab es nur noch
kleine Schwankungen: eine warme Phase zur Römerzeit, in
der Hannibal mit Elefanten die Alpen überqueren konnte;
danach kältere Perioden mit der germanischen Völkerwan-
derung und dem Untergang des Weströmischen Reichs. Es
folgte das mittelalterliche warme „Klimaoptimum" um das
Jahr 1000 n. Chr. und danach die „Klimawende" mit katastrophalen Sturmfluten und hunderttausenden von Flut-
opfern und eine „kleine Eiszeit" vom 16. bis zum 18. Jahrhundert. Die Schwankungen der mittleren Temperatur be-
trugen etwa ein Grad. Heute knüpfen wir wieder an die
Verhältnisse zur Römerzeit und beim mittelalterlichen Klimaoptimum an.

Der Anstieg der Kohlendioxidkonzentration in der Atmosphäre, der aus den Messungen hervorgeht, verstärkt
den natürlichen Treibhauseffekt. Wie groß wird dieser Effekt sein? Wird sich die Erde wirklich um zwei Grad erwärmen? Eine große Zahl von Atmosphärenphysikern versucht
durch Modellrechnungen die Wirkung der anthropogenen
Treibhausgase zu analysieren. Diese Physiker versuchen
auch, aus den Modellen die zukünftige Entwicklung des
Klimas und insbesondere der mittleren Oberflächentemperatur der Erde zu berechnen. Das International Panel for
Climate Change (IPCC) macht keine eigenen Forschungen, sondern wählt veröffentlichte Ergebnisse aus, fasst sie
zusammen und bildet daraus eine Mehrheitsmeinung. Wie
zuverlässig sind diese Vorhersagen?

Die Berichte des IPCC basieren auf sehr komplexen
Modellrechnungen der Klimaentwicklung. Sie beschreiben
die Entwicklung durch partielle Differenzialgleichungs-
systeme, die durch gegenseitige Rückkopplungen nichtli-
near sind.[4] Solche Systeme nennt man in der Mathematik
„chaotisch". Alle im Bericht des IPCC im Jahre 2007 zitier-
ten Modellrechnungen sagten für den Zeitraum von 1997
bis 2014 einen merklichen Anstieg der mittleren Oberflächentemperatur der Erde von 0,2 bis 0,6 Grad voraus.[5]
Im Bericht des Jahres 1995 (SAR) gingen die für diesen
Zeitraum vorhergesagten Temperaturanstiege sogar bis zu
0,8 Grad. Die Messungen widersprechen aber diesen Vorhersagen, die Temperatur hat sich in 17 Jahren um weniger
als 0,05 Grad erhöht, obwohl sich die Konzentration des
Spurengases Kohlendioxid stark erhöht hat. Am Nordpol
wird es zwar wärmer, was z. B. am Rückgang von Gletschern auf Grönland zu beobachten ist. Andererseits gibt
es auf der Südhemisphäre auch Gebiete, wo es kälter ist,
sodass im Mittel keine Erwärmung festzustellen ist. Dabei
ist zwischen den Temperaturmessungen von Satelliten aus
und den Messungen von Bodenwetterstationen ein kleiner
Unterschied festzustellen. Die Bodenmessstationen haben
Standorte auf den Kontinenten, die viel größere Fläche der
Ozeane wird mit schwimmenden Bojen überwacht. Außerdem stehen viele Wetterstationen in Städten oder sind
durch das Wachstum der Siedlungen in deren Nähe gera-

---

[4] Grundlegendes über den Treibhauseffekt und die Klimamodellrechnungen
findet sich z. B. in dem Standardwerk *Klimatologie* von Christian-Dietrich
Schönwiese, 3. Aufl. 2008, Verlag Eugen Ulmer, Stuttgart.
[5] Der Bericht IPCC AR4 (Assessment Report4) stammt aus dem Jahr 2007.

ten. In Städten ist es wärmer als auf dem Lande. Das ergibt eine Tendenz zur Temperaturerhöhung durch Urbanisierung. Wahrscheinlich sind die Satellitendaten zuverlässiger.

Die Frage, wie der Temperaturanstieg am Nordpol den Meeresspiegel beeinflusst, wird diskutiert. Dabei ist klar, dass das jahreszeitlich periodische Abschmelzen und Einfrieren des polaren Meereises keinen Einfluss auf den Meeresspiegel hat, weil nach dem archimedischen Gesetz das Volumen der durch das schwimmende Eis verdrängten Wassermasse gleich dem des Schmelzwassers ist. Dagegen führt das Abschmelzen von Festlandsgletschern zu einem Anstieg des Meeresspiegels. Sehr genaue Messungen der Abnahme der Eismasse Grönlands führen so zu einem Anstieg von 0,2 mm pro Jahr. Nimmt man den Rückgang anderen Festlandgletscher und die thermische Ausdehnung des Meerwassers hinzu, so kommt man auf 2,8 mm pro Jahr. Gemessen wurde in den zehn Jahren von 1993 bis 2003 ein Anstieg von 3,1 mm pro Jahr. Bei linearer Fortsetzung dieser Tendenz würde sich bis zum Jahr 2100 ein Anstieg von 27 cm ergeben, ein Wert, der keinen Grund zu Dramatisierungen gibt. Die Modellrechnungen erhalten wegen der geschätzten Sekundäreffekte höhere Werte, jedoch mit großer Unsicherheit.

Eines der weltweit führenden Zentren für solche Modellrechnungen ist das Max-Planck-Institut für Meteorologie in Hamburg. In einer neueren Publikation erläutert ein Team von Autoren um Thorsten Mauritsen aus diesem Institut[6] wie sie die ungewissen oder sogar unbekannten Pa-

---

[6] Neuere Ergebnisse der Klimamodellrechnungen wurden veröffentlicht von Thorsten Mauritsen et al., Journal of Advances in Modeling Earth Systems, Vol. 4, M00 A01, August 2012 und http://onlinelibrary.wiley.com/doi/10.1029/2012MS000154/full.

rameter in diesem komplexen Gleichungssystem „tunen", d. h. solange verändern, bis sich die gewünschten Resultate einstellen. Sie betonen, dass eine beträchtliche Unsicherheit in der Wahl dieser Parameter besteht, und beschreiben das Problem sehr offen: „Die Wahl, die wir machen, hängt ab von unseren vorgefassten Meinungen, Präferenzen und Zielen." Umso erstaunlicher ist es, dass die Resultate dann doch als gültig betrachtet werden.

Der Widerspruch zwischen den vorausgesagten und den beobachteten mittleren Temperaturen in den letzten 17 Jahren führt nun aber nicht dazu, dass nach Fehlern oder Fehlannahmen in den Modellen gesucht wird, sondern die Diskrepanz wird auf „Fluktuationen" zurückgeführt oder in der Sprache des Potsdam Instituts für Klimafolgenforschung als unerklärter „Hiatus" bezeichnet. Wenn die Klimaforscher die Ursache der seit 17 Jahren andauernden Erwärmungspause kennen würden, könnten sie die fehlerhaften Annahmen korrigieren und neue Berechnungen anstellen. Dann würden sich natürlich manche dramatischen Vorhersagen des Temperaturanstieges über 100 Jahre ändern. Auf die Ergebnisse kann man gespannt sein.

Das grundlegende Problem der Klimamodellrechnungen besteht in ihrer Komplexität. Wenn man isoliert nur die Auswirkung einer Verdopplung des Kohlendioxidgehaltes auf die Temperatur berechnet, ergeben die meisten Gleichgewichtssimulationen einen Anstieg bis zum Jahr 2100 um 1,2 Grad mit einer kleinen Unsicherheit. Die Prognose wird erheblich unsicherer, wenn man die Wirkung dieses geringen Anstiegs auf andere Messgrößen, d. h. die Rückkopplung innerhalb der Gleichungssysteme, berücksichtigt. Insbesondere ist hier zu berücksichtigen, dass wärmeres Wasser an der Oberfläche der Meere mehr Wasserdampf in die Atmosphäre entlässt. Die IPCC-Modelle nehmen an, dass durch den zusätzlichen Wasserdampf der Treibhauseffekt erhöht wird, und kommen so zu einem Temperaturanstieg um mehr als zwei Grad, allerdings mit einer großen Unsicherheit.

Es gibt aber Wissenschaftler, die den Fehler der Klimamodelle in der unzureichenden Berücksichtigung der abkühlenden Wirkung von Wolken sehen. Bei höherer Konzentration von Wasserdampf in der Atmosphäre bilden sich vermehrt Wolken, anderseits wirkt Wasserdampf auch als Treibhausgas. Die Frage ist, welcher der beiden Effekte stärker zum Tragen kommt. Der Atmosphärenphysiker Richard S. Lindzen vom Massachusetts Institute of Technology (MIT) in Cambridge (USA) hat dazu Messungen mit Satelliten sowie Berechnungen durchgeführt. Lindzen und sein Koautor Yong-Sang Choi benutzten Messdaten des Satelliten ERBE (Earth Radiation Budget Experiment). Sie kommen zu dem Ergebnis, dass der kühlende Effekt dominiert, mathematisch ausgedrückt, dass der Rückkopplungsterm in den nichtlinearen Differenzialgleichungen negativ sein muss.[7] In allen Klimamodellen des IPCC ist diese Rückkopplung als positiv angenommen.

Die Ergebnisse von Lindzen und Choi führen dazu, dass die Klimasensitivität auf CO_2 nur halb so groß ist wie in den anderen Klimamodellen. Bei einer Verdopplung der CO_2-Konzentration in der Atmosphäre ergäbe sich dann

---

[7] Die Publikation von R. S. Lindzen und Y.-S. Choi ist in der Zeitschrift *Geophysical Research Letters*, Vol. 36 (2009), Asia-Pacific J. Atmos. Sci. 47(4): 377–390 (2011) erschienen.

nur ein Temperaturanstieg um weniger als ein Grad Celsius. Falls das richtig ist, gibt es keinen Grund, den Klimawandel zu dramatisieren. Lindzens Ergebnisse werden aber unter Klimatologen nicht offen diskutiert. Stattdessen wird er ausgegrenzt und persönlich angegriffen. Dabei gilt doch, was der Klimaforscher Mike Hulme vom Kings College in London sagte: „Eigentlich gibt es in der Wissenschaft nur Fortschritt, wenn sich Wissenschaftler nicht einig sind."[8]

Die Modellrechnungen über Zeiträume von hundert Jahren sind mit so großen Unsicherheiten behaftet, dass die vorhergesagten Entwicklungen der Temperatur mit Vorsicht zu betrachten sind. Die Modelle müssen wesentlich genauer werden, wenn man sie ernst nehmen will. Es ist voreilig, aus den Ergebnissen politische Konsequenzen zu ziehen.

5.4 Risiko „Blackout"

Im Jahr 2010 beauftragte der Ausschuss für Bildung, Forschung und Technikfolgenabschätzung des deutschen Bundestags das Büro für Technikfolgenabschätzung (TAB), die Folgen eines langandauernden und großflächigen Stromausfalls systematisch zu analysieren. Zugleich sollten die Möglichkeiten und Grenzen des nationalen Systems des Katastrophenmanagements zur Bewältigung einer solchen Krise untersucht werden. Das Ergebnis dieser Studie wurde 2011 unter dem Titel „Was bei einem Blackout geschieht"

---

[8] Das Interview mit Mike Hulme findet man in der Süddeutschen Zeitung vom 1. 9. 2014.

veröffentlicht.[9] Die Experten erwarteten aufgrund der vorherigen nationalen und internationalen Erfahrungen mit Stromausfällen „erhebliche Schäden". Als Ursachen erwähnen sie technisches und menschliches Versagen, kriminelle oder terroristische Aktionen, Epidemien oder Extremwettereignisse. Auf der Grundlage dieser Studie schrieb der Autor Marc Elsberg seinen Kriminalroman „Blackout", in dem er als Verursacher der Katastrophe eine terroristische Gruppe annimmt.[10] Die Gruppe nutzt die Tatsache, dass die EU-Kommission statt der bisher verwendeten Stromzähler die Umstellung auf *Smart Meters* verlangt, die in Italien und Schweden schon eingeführt sind. Diese können per Programm von außen gesteuert werden und sind daher anfällig für Cyber-Kriminelle.

Weder das Büro für Technikfolgenabschätzung noch der Autor Elsberg konnten im Jahre 2011 ahnen, dass in Deutschland die Auswirkungen des Erneuerbare-Energien-Gesetzes und der Stilllegung der Kernkraftwerke ausreichten, um schon im Februar 2012 einen „Beinahe–Blackout" herbeizuführen. Das EEG schreibt die schon mehrfach erwähnte „prioritäre Einspeisung" des Stroms aus Photovoltaik und Windkraft vor, weshalb um die Mittagszeit im Sommer oder bei kräftigem Wind an der Nord- und Ostseeküste Kohle- und Gaskraftwerke abgeschaltet werden müssen.

---

[9] Der Arbeitsbericht Nr. 141 des Büros für Technikfolgenabschätzung beim Deutschen Bundestag von Thomas Petermann u. a., Nov.2010, „Gefährdung und Verletzbarkeit moderner Gesellschaften – am Beispiel eines großräumigen und langandauernden Ausfalls der Stromversorgung" ist abrufbar unter www.tab-beim-bundestag.de/de/pdf/publikationen/berichte/TAB-Arbeitsbericht-ab 141.pdf.

[10] Der Kriminalroman *Blackout* von Marc Elsberg ist 2012 im Verlag Blanvalet erschienen.

Diese Kraftwerke werden zu einem ineffizienten Betrieb gezwungen, sind weniger als die Hälfte der Zeit am Netz, müssen aber von einer kompetenten Belegschaft dauernd in Betrieb gehalten werden. Der erzwungene ineffiziente Betrieb verursacht nur außerdem Verluste. Die Unternehmen haben dann keine andere Wahl, als die Kraftwerke ganz abzuschalten. Wenn dann an einem kalten windstillen Wintertag weder Photovoltaik noch Wind Strom liefern können, fehlen diese verlässlichen Kraftwerke. Hinzu kamen vom 8. bis 10. Februar 2012 Lieferschwierigkeiten beim Erdgas aus Russland, sodass die vorhandenen Gaskraftwerke nicht alle betrieben werden konnten. Der Blackout konnte gerade noch vermieden werden, indem ein Kraftwerk mit Erdöl befeuert wurde. In ähnlicher Weise schrammte Irland im Dezember 2014 an einem landesweiten Blackout knapp vorbei. Bei starkem Wind lieferten die Windkraftanlagen 35 Prozent des Stroms, als eine Störung auftrat. Es fehlten genügend Kraftwerke mit massiven Schwungrädern, um das Netz zu stabilisieren.

Die Bundesnetzagentur hat deshalb ein neues Planwirtschaftliches Gesetz verlangt, mit dem das Abschalten unrentabler Kraftwerke genehmigungspflichtig wird. Damit soll die Grundversorgung sichergestellt werden.

Welche Folgen hat ein Blackout in Deutschland? Der Bericht des TAB gibt Auskunft:

Kurze Zeit nach dem Stromausfall fallen die Telefone und das Internet aus, weil die Ersatzstromversorgung über Notstromaggregate nach wenigen Stunden oder Tagen erschöpft ist und die Akkus der Handys leer sind. Die Wiederinbetriebnahme des Festnetzes, der Mobiltelefonie und

des Internets ist „praktisch unmöglich". Erst nach langer
Anlaufzeit, wenn Tausende von Batteriespeichern wieder-
aufgeladen und Treibstofftanks aufgefüllt sind, kann damit
begonnen werden. Dieser Ausfall der Kommunikation behindert auch die Einsatzkräfte und Hilfsdienste, die die
sich ausbreitenden katastrophalen Zustande bekämpfen
müssen.

Der Straßenverkehr bricht sofort nach dem Stromausfall zusammen, da alle Ampelanlagen, Tunnelbeleuchtun-
gen und Schrankenanlegen ausfallen. Zahlreiche Unfälle an
Kreuzungen mit Verletzten und Toten sind die Folge, die
langen Staus behindern den Einsatz von Rettungskräften,
Krankenwagen und Polizei. Der private Verkehr nimmt
schnell ab, weil die Tankstellen kein Benzin oder Diesel
mehr aus den tiefliegenden Tanks pumpen können. Viele
Autos bleiben wegen Treibstoffmangels liegen und behindern zusätzlich den Verkehr. Die Lieferung von Lebens-
mitteln nimmt ab, da auch die LKWs nicht mehr tanken
können.

Der Betrieb von U- und S-Bahnen sowie die Fernver-
kehr der Bahn stoppt sofort nach dem Stromausfall. Die
Züge bleiben auf den Gleisen oder in U-Bahn-Schächten
stehen, die Passagiere sind eingeschlossen und müssen von
dort gerettet werden. Das ist eine schwierige Aufgabe, da
alle Sicherungssysteme und Stellwerke der Bahnen ausfallen
oder nur eingeschränkt arbeiten können.

Auch die Mitarbeiter in diesen Betriebsstellen haben
Schwierigkeiten, ihren Arbeitsplatz zu erreichen. Sie müs-
sen ihre Familie in der dunklen kalten Wohnung ohne
Nachricht zurücklassen.

Die produzierende Industrie kann den Betrieb nach dem Stromausfall nur solange aufrechterhalten, wie ihre Eigenversorgung durch eigene Kraftwerke oder durch Notstromaggregate ausreicht. Am besten dürften die großen Chemiefirmen mit Eigenstromversorgung ausgerüstet sein, bei den Autoherstellern werden die Bänder sehr bald stillstehen. Auch hier haben die Mitarbeiter Probleme, ihre Arbeitsstelle zu erreichen, sobald ihr Benzintank leer ist.

Die Privathaushalte bemerken als Erstes den Ausfall der Beleuchtung, des Kühlschranks, der Heizung. Nach einiger Zeit haben die Notstromaggregate der Stadtwerke ihren Treibstoff verbraucht, die Wasserpumpen hören zu arbeiten auf, es kommt in den Häusern kein Wasser mehr an. Die WC-Spülung ist nicht mehr möglich, die Toiletten verstopfen. Die hygienischen Verhältnisse werden zunehmend unerträglich. Abwasserhebepumpen fallen aus, das Abwasser kann aus den Kanälen austreten. Da viele Familien zum Kerzenlicht zurückkehren, gibt es auch vermehrt Wohnungsbrände.

Da die Kühlaggregate in den Supermärkten und Privathaushalten ausfallen, verderben alle tiefgekühlten Lebensmittel innerhalb weniger Tage. Nachlieferungen frischer Lebensmittel sind durch die fehlenden Transportmittel eingeschränkt. Da auch die Sicherungssysteme und die elektronischen Kassenautomaten in den Supermärkten ausfallen, kann nur noch per Hand gerechnet und bar bezahlt werden. Durch den Abverkauf gehen die Restbestände langsam zur Neige, und schließlich muss der Supermarkt schließen. Der kritische Punkt für die Versorgung der Menschen ist erreicht.

Da überall die elektronischen Bezahlmöglichkeiten ausfallen, kann nur noch mit Bargeld bezahlt werden. Der Bedarf an Bargeld wird zu einem Rush auf die Banken führen, die versuchen werden, den Ansturm durch Beschränkung der Barauszahlungen zu kontrollieren.

Für diejenigen, die bei Verkehrsunfällen oder Bränden verletzt werden, stehen die Krankenhäuser in den ersten Tagen des Stromausfalls noch zur Verfügung, da diese als Notstromaggregate Dieselgeneratoren besitzen. Der Treibstoff reicht allerdings nur für einige Tage. Danach wird die Situation kritisch, ganze Bereiche wie Dialysestationen der Krankenhäuser oder Alten- und Pflegeheime müssen geräumt werden.

Der Vorrat an Arzneimitteln in den Apotheken geht auch nach einer Woche zur Neige, da die Herstellung und der Vertrieb in diesem Gebiet nicht mehr möglich sind. Besonders kritisch wird sich der Mangel an Insulin, Dialysemitteln und Blutkonserven auswirken.

Als Fazit der Studie stellen die Autoren fest: Bereits nach wenigen Tagen ist im betroffenen Gebiet „die flächendeckende und bedarfsgerechte Versorgung der Bevölkerung mit lebensnotwendigen Gütern und Dienstleistungen nicht mehr sicherzustellen. Die öffentliche Sicherheit ist gefährdet, der grundgesetzlich verankerten Schutzpflicht für Leib und Leben seiner Bürger kann der Staat nicht mehr gerecht werden". Die Folgen „kämen einer nationalen Katastrophe gleich". Dem ist nichts hinzuzufügen.

6

Mythen und Illusionen der Energiewende

6.1 Energiewende schafft Arbeitsplätze

Durch die massive Subventionierung der Solar- und Windenergie durch das EEG entstanden in Deutschland in kurzer Zeit viele Unternehmen, die derartige Anlagen herstellen. Vorreiter war die Firma Solarworld, andere waren Solar
Millennium, Q-Cells, SMA. Bald stiegen auch die Großkonzerne Siemens und Bosch sowie Schott Glas in das ver-
meintliche Geschäft ein. In den ersten Jahren gelang es den
Unternehmen auch, Solarmodule und Windkraftanlagen
zu bauen und als einzige Hersteller den Markt zu beherrschen. Die Preise der Anlagen waren zwar hoch, aber die
großzügigen Einspeisegebühren ergaben für die Investoren
trotzdem eine sehr gute Rendite.

Nach wenigen Jahren hatten aber Hersteller in anderen
Ländern, hauptsächlich in China und Indien, entdeckt,
dass hier ein lukratives Geschäft winkt. Ein großer Teil der
Kosten bei der Herstellung von Solarzellen aus Silizium besteht im Strompreis, da Silizium aus Quarzsand bei hoher
Temperatur erschmolzen werden muss. Da in diesen Ländern die Kosten für Strom, Material und Personal sehr viel

© Springer-Verlag GmbH Deutschland, ein Teil von Springer Nature 2015
K. Kleinknecht, *Risiko Energiewende*,
https://doi.org/10.1007/978-3-662-46888-3_6

niedriger waren als in Deutschland und die Technologie keine grundsätzlichen Probleme aufwies, konnten die dortigen Unternehmen nach kurzer Zeit die PV-Module weit günstiger anbieten als die deutschen Firmen. Chinesische Solar-Unternehmen wie Trina Solar, LDK Solar, Yingli Green Energy und JA Solar Holdings nutzten die günstigen Bedingungen für Investoren, um in diesem Markt mit ihren niedrigen Preisen wesentliche Marktanteile in Deutschland zu gewinnen. Frank Asbeck von Solar World unternahm einen letzten Versuch, die Dominanz der chinesischen Firmen abzuwehren, indem er eine Dumping-Klage bei der europäischen Kommission einreichte. Es gelang ihm, die Kommission zu überzeugen, dass die Preise der chinesischen Anlagen auf unfaire Weise niedrig gehalten würden. Die Kommission verhandelte mit China und erreichte ein Abkommen, nach dem der Preis der chinesischen Solarpaneele nicht unter 0,58 Euro pro Watt der Nennleistung der Paneele liegen darf.

Den Niedergang der deutschen Solarunternehmen konnte das allerdings nicht aufhalten. Die Großkonzerne Siemens und Bosch zogen sich unter Milliardenverlusten aus dem Markt zurück. Viele Solarunternehmen mussten Insolvenz anmelden, so Solar Millennium, Q Cells, Sovello, Conergy und Centrotherm, die teilweise von südkoreanischen, chinesischen und US-Investoren übernommen wurden oder ganz aufgeben mussten. Auch Solar World musste nach der Insolvenz einem Investor aus Katar wesentliche Anteile des Unternehmens überlassen. Die Zahl der Beschäftigten bei der Produktion von Solarzellen liegt nur noch bei 8000, insgesamt sind in der PV-Industrie einschließlich der bei der Installation der Anlagen tätigen Betriebe nach Angabe des Bundeswirtschaftsministeriums

56.000 Mitarbeiter beschäftigt. Setzt man diese Zahl von Mitarbeitern in Beziehung zu der Fördersumme durch die EEG-Einspeisegebühr, so wird jede Personalstelle jährlich mit einem Betrag von ca. 170.000 Euro subventioniert.

Schott Glas hatte für solarthermische Kraftwerke das zentrale Element, den in der Brennlinie der Spiegel liegenden „Receiver" entwickelt und auch für die im spanischen Almeria aufgebauten Kraftwerke Andasol 1, 2 und 3 geliefert. Aber der riesige Folgeauftrag für das Projekt DESERTEC in der Sahara blieb aus, weil die Durchführbarkeit zweifelhaft war und niemand ein Projekt finanzieren konnte, das frühestens in 20 Jahren Erträge abwerfen würde.

Vierzehn Jahre nachdem das EEG in Kraft trat, ist von der deutschen Solarindustrie nicht mehr viel übrig. Einzig die Firma SMA, die für PV-Anlagen die nötigen Wechselrichter herstellt, hat noch weltweit Erfolg. Aber auch sie musste gerade ihren Personalbestand um ein Drittel reduzieren.

Auf dem Gebiet des Windkraftanlagenbaus sieht es besser aus. Unter den zehn größten Unternehmen der Windkraftbranche findet sich eine deutsche Firma, Enercon, deren Spezialität Anlagen ohne Getriebe sind und die den deutschen Windmarkt an Land beherrscht. Weiterhin betreibt General Electric Wind Energy ein Werk in Salzbergen und der indische Hersteller Suzlon eine Tochterfirma REpower in Deutschland. Weltmarktführer ist die dänische Vestas. Bei den Off-shore Anlagen liegt die in Dänemark produzierende Firma Siemens Wind Power vor Vestas. Die Gesamtzahl der in der Windkraftindustrie Beschäftigten wird vom Branchenverband mit 118.000 angegeben. Wenn man wieder die Subvention für die Windkraft in Beziehung zur

Anzahl der Personalstellen setzt, ergibt sich eine jährliche Subvention jeder Stelle mit 42.000 Euro.

Der verbliebene Anteil von Beschäftigten in der Solar- und Windkraftindustrie wird kompensiert durch die Arbeitsplatzverluste bei den vier großen Energieversorgungsunternehmen, die durch das EEG und das Ausstiegsgesetz große Verluste hinnehmen mussten und in zunehmende Schwierigkeiten geraten sind. Die dort verlorenen Arbeitsplätze wurden nur zum Teil durch hochsubventionierte Beschäftigte in der Solar- und Windkraftbranche ersetzt.

6.2 Energiewende trägt zum Klimaschutz bei

Das EEG bewirkt einen rasanten Anstieg der fluktuierenden Stromerzeugung durch Solar- und Windkraftstrom. Dabei wird leicht vergessen, dass durch das Abschalten von Kernkraftwerken eine CO_2-freie gesicherte Leistung fehlen wird. In den letzten Jahren nahm deshalb der Anteil der Braunkohlekraftwerke am Strommix in Deutschland zu. Die CO_2-Emissionen haben dadurch eher zu- als abgenommen. Kohlekraftwerke werden auch in Zukunft als Lieferanten einer gesicherten, stets abrufbaren und kostengünstigen Leistung eine wichtige Rolle spielen müssen.

Betrachtet man die Ökobilanz der europäischen Länder, so zeigen sich zwei Länder als Musterknaben des Klimaschutzes: die Schweiz und Frankreich. Ihr jährlicher Ausstoß an Kohlendioxid liegt weit unter den Emissionen pro Einwohner, die Deutschland verursacht. In der

Schweiz betrug dieser Wert fünf Tonnen und in Frankreich 5,7 Tonnen, das ist die Hälfte des in Deutschland gültigen Werts. Die Gründe sind leicht zu finden: In der Schweiz liefern Wasserkraft und Kernkraft jeweils etwa die Hälfte der Elektrizität, und in Frankreich beruhen 80 Prozent der Stromerzeugung auf der Kernkraft.

Andere Länder haben unterschiedliche Strategien: Polen baut auf Kohlekraftwerke, Großbritannien hat ein Programm zum Neubau von Kernkraftwerken, China baut alle Kraftwerksarten, Kohle, Kernenergie, Wasserkraft, Wind- und Solarkraft, sehr schnell aus und betrachtet dabei die Kohleverbrennung als unverzichtbar. In den nächsten fünf Jahren wird China so viele neue Kohlekraftwerke in Betrieb nehmen, dass allein ihre zusätzlichen Emissionen größer sein werden als der gesamte deutsche Beitrag.

Ob in anderen Ländern die deutsche Rolle als die eines Vorreiters gesehen wird oder eher als kuriose Sonderrolle, mag die Bemerkung unseres Wirtschaftsministers Sigmar Gabriel illustrieren. Er sagte: „Für die meisten anderen Länder in Europa sind wir sowieso Bekloppte."

6.3 Erneuerbare Energien können Haushalte mit Strom versorgen

In Zeitungen liest man regelmäßig eine Meldung, wenn ein neues Windkraftwerk oder eine neue große Solaranlage in Betrieb geht. Es heißt dann: „Die Anlage kann eine bestimmte Anzahl von Haushalten mit Strom versorgen." Diese Meldungen sind ein Teil des Mythos. In Wirklichkeit kann keine solche Anlage mit Solar- oder Windkraft auch nur einen Haushalt rund um die Uhr mit Strom versorgen. Zu den Zeiten am Abend, zu denen Haushalte vorwiegend Strom brauchen für Beleuchtung, Waschmaschine, Spülmaschine, Fernsehgerät, Kochherd und Backofen, scheint keine Sonne, und auch der Wind ist nur manchmal vorhanden. Weil es bisher keine Speichermöglichkeiten gibt, speisen diese Stromerzeuger ihre Energie tagsüber oder zu windreichen Zeiten ins Netz und kassieren dafür die gesetzliche Einspeisungsgebühr. Wenn der Bedarf am Abend steigt, bezieht der Haushalt seinen Strom aus dem Netz, das im Norden und in der Mitte Deutschlands von Kohle- und im Süden von Kohle- und Kernkraftwerken in Betrieb gehalten wird.

Die Behauptung wäre richtig, wenn es Haushalte gäbe, die den bei Tag gesammelten Solarstrom im Keller in einer hinreichend großen Batterie speichern und dann am Abend für den eigenen Bedarf verwenden würden. Ökonomisch ist es aber unter den gegenwärtigen Bedingungen für den Eigentümer einer PV-Dachanlage vorteilhafter, die hohe Einspeisungsgebühr einzunehmen und abends den Strom aus dem Netz zu beziehen. Der überschüssige Solarstrom um die Mittagszeit muss nach Polen abgeschoben werden.

Die Bezugnahme auf die Versorgung der Haushalte ist auch deshalb irreführend, weil dabei der Bedarf der Industrie rund um die Uhr vernachlässigt wird. In einer Stadt wie München verbraucht die Industrie zwei Drittel des Stroms, die Haushalte nur ein Drittel. Deshalb versprechen die Stadtwerke auch nur, dass sie in wenigen Jahren alle Haushalte mit Ökostrom versorgen wollen. Die Industrie wird aber nach wie vor versorgt mit Strom aus

Kohle- und Gaskraftwerken und aus dem Kernkraftwerk Ohu bei Landshut, an dem die Stadt einen großen Anteil besitzt. Die Stadtwerke bieten sogar einzelne Tarife an, bei denen der Strom nur aus erneuerbaren Quellen stammen soll. Die Kunden glauben, sie bezögen einen reinen grünen Strom. In Wirklichkeit ist es gar nicht möglich, den Strom aus verschiedenen Quellen zu trennen, jeder Verbraucher bekommt aus der Steckdose dieselbe Mischung aus allen Erzeugungsarten, d. h. jeder Haushalt bekommt auch Strom aus den Münchner Kohle- und Gaskraftwerken und aus Ohu. Wenn die Stadtwerke eine Windkraftanlage in der Nordsee kaufen, dann kommt dieser Strom nicht nach München, weil es gar nicht genügend Höchstspannungsleitungen von dort nach Süddeutschland gibt. Es ist also eine rein fiktive Rechnung, zu behaupten, damit werde der Anteil der erneuerbaren Stromquellen am Münchner Strommix erhöht.

Ob die Stromkunden solche Werbemaßnahmen glauben, hat die Neue Züricher Zeitung vor ein paar Jahren getestet. Sie kündigte an, am kommenden 1. April werde der Verlag kostenlos Geräte verschenken, mit denen der Strom aus Kernkraftwerken von dem aus anderen Quellen getrennt werden könnte; das Gerät – genannt Atosep – habe einen Stecker für die Netzverbindung und zwei Ausgänge. Die Trennung der verschiedenen Stromarten werde von Ameisen im Inneren des Geräts geleistet, die die Elektronen zum richtigen Ausgangsstecker leiten. Am 1. April kam eine große Schar von erwartungsvollen Kunden zum Verlagsgebäude.

6.4 Erneuerbare Energien sind dezentral

Es gibt derzeit etwa 1,5 Millionen Besitzer von PV-Anlagen und einige Zehntausend Eigentümer von Windkraftanlagen. Alle diese Stromerzeuger speisen ihre elektrische Leistung in das Niederspannungsnetz ein, das für diese Anwendung nicht gebaut wurde. Deshalb muss dieses Netz mit hohen Kosten von drei bis vier Milliarden Euro jährlich ausgebaut werden. Die Kosten tragen alle Verbraucher. Die Anlagenbetreiber erhalten die Einspeisungsgebühr, zahlen aber nichts für die Nutzung des Netzes zur Einspeisung des von ihnen gelieferten Stroms. Sie verwenden den Solar-oder Windkraftstrom nicht für sich selbst, sondern überlassen es den Netzbetreibern, den prioritär eingespeisten Strom zentral an der Strombörse zu vermarkten. Für den Eigenbedarf verwenden die Betreiber vorwiegend den zuverlässig rund um die Uhr aus dem Netz zu beziehenden Strom. Die Wirklichkeit widerspricht also dem oft gehörten Argument, die Stromversorgung mit erneuerbaren Energien sei dezentral. Sie könnte dezentral werden, wenn die Betreiber gezwungen wären, den eigenerzeugten Strom zu verwenden oder zu speichern und die Kosten dafür zu übernehmen.

6.5 Die Sonne schickt uns keine Rechnung

Diesen irreführenden Slogan erfand der Publizist Franz Alt als Titel eines seiner Bücher. Er ist auch sachlich falsch. Die Stromverbraucher im Land bezahlen jedes Jahr die Rechnung, die ihnen die Betreiber von Solaranlagen ausstellen. Sie lautet auf rund zehn Milliarden Euro, zu bezahlen sofort bei Bezug des Stroms. Ob man das eine Subvention oder eine Sondersteuer nennt, ist irrelevant. Weil das EEG den Einspeisungspreis für 20 Jahre garantiert, wird uns diese Rechnung auch noch die nächsten 20 Jahre präsentiert, wenn die meisten der Politiker, die das Gesetz im Jahr 2000 beschlossen haben, nicht mehr im Amt sind. Der Schriftsteller Franz Alt profitiert doppelt: Er bekommt über die Einspeisevergütung eine hohe Rendite für die Photovoltaikanlage auf dem Dach seiner Villa in Baden-Baden und verkauft seine Solarbücher an eine gläubige Gemeinde.

Bei den solarthermischen Kraftwerken in Südspanien zeigt sich ebenfalls, wie irreführend manchmal euphorische Berichte sind. An einer der Anlagen halten die Stadtwerke München einen großen Anteil, an anderen sind es deutsche Privatinvestoren. Spanien hatte den Investoren einen hohen Einspeisungspreis garantiert. Als der spanische Energieminister sah, dass der spanische Stromverbraucher für die Rendite der Geldgeber bezahlte, reduzierte er den Einspeisepreis. Die Folge waren schlechte Zahlen für die Betreiber, die Stadtwerke München mussten 65 Millionen Euro Verlust abschreiben. Dafür zahlen am Ende ihre städtischen Stromabnehmer.

6.6 Die Bahn fährt mit Ökostrom

Diese Idee stammt aus der Marketingabteilung der Deutschen Bahn (DB). Die DB kauft Ökostrom vom Unternehmen RWE, das seinen Strom hauptsächlich aus Braunkohlekraftwerken bezieht, aber auch kleine Anteile an Windkraftstrom erzeugt. Die Bahn behauptet dann in der Werbung, die Lokomotiven der Fernzüge – aber nur diese – führen mit diesem Strom. Technisch ist das schwer vorstellbar, denn die Bahn unterhält ein eigenes Bahnstromnetz, das vom Verbundnetz abgetrennt ist und mit einer niedrigeren Frequenz von 16,7 Hertz anstatt der 50 Hertz des Verbundnetzes arbeitet. Zwei Drittel des Bahnstroms stammen aus den Kohlekraftwerken in Mannheim, Datteln, Lünen, Schkopau, Kirchmöser und Düsseldorf sowie aus dem Kernkraftwerk Neckarwestheim. Zehn Prozent tragen Wasserkraftwerke bei, und ein Viertel wird mit Frequenzumformern aus dem Verbundnetz entnommen. Auch der von RWE übernommene Strom ist natürlich ein Gemisch aus allen Erzeugungsarten, hauptsächlich aus Kohle. Die Wirklichkeit hat mit der Werbung wenig zu tun. Die Bahn fährt überwiegend mit Kohlestrom, und das wird so bleiben.

6.7 Illusionen

Betrachtet man die Energieversorgung der nächsten 30 Jahre, dann muss man sich zunächst von mehreren Illusionen befreien. Da ist einmal der Glaube, es spiele für das Weltklima eine Rolle, ob Deutschland in diesem Zeitraum seine

CO_2-Emissionen von gegenwärtig 2,3 Prozent der Gesamtmenge auf 2,0 oder 1,8 Prozent reduziert. Selbst wenn die gängigen Klimamodellrechnungen in der Lage wären, die klimatische Entwicklung über 30 Jahre vorauszusagen, hätte die Auswirkung einer so kleinen Verringerung der Emissionen keinen messbaren Effekt. Da die Klimamodelle die Entwicklung der letzten 15 Jahre nicht einmal *a posteriori* erklären können, kann man bezweifeln, ob sie für die nächsten 30 oder sogar 100 Jahre verlässliche Aussagen machen können. Aber selbst wenn man das annimmt, bleibt die Frage, was solch eine winzige Reduktion bewirken soll, wenn gleichzeitig in China jede Woche ein neues Kohlekraftwerk ans Netz geht und sich die weltweiten Emissionen jedes Jahr um 1,8 Milliarden Tonnen CO_2 erhöhen, der jährliche Zuwachs alleine also dem Doppelten der gesamten deutschen Emissionen entspricht?

Die zweite Illusion, von der wir uns trennen müssen, ist die von manchen Politikern verbreitete Ansicht, es sei möglich, nach dem Ausstieg aus unserer Nutzung der Kernenergie gleichzeitig auch auf Kohlekraftwerke zu verzichten. Das Schlagwort „hundert Prozent erneuerbare Energien" ist sicher gut gemeint, aber wissenschaftlich auf absehbare Zeit unhaltbar. Ein stabiles Netz für die Rundumversorgung der Industrie und der Privatverbraucher ist mit diesen Stromquellen nicht zu erreichen, solange es keine ausreichenden Speicher und ausgebauten Übertragungs- und Verteilernetze gibt. Es genügt dazu, den Präsidenten der Bundesnetzagentur, Jochen Homann, zu zitieren, der am 27.8.2014 auf einer Fachtagung sagte: „Ich bin überzeugt, dass der Ruf, der aus vielen Ecken erschallt, nach einem baldigen

Ausstieg aus der Kohleverbrennung mit seriöser Energiepolitik nicht viel zu tun hat."

Die dritte Illusion, die wir über Bord werfen müssen, ist
der Glaube, die Energiewende verringere unsere Abhängigkeit von unseren Nachbarn, einschließlich Russland. Das
Gegenteil ist der Fall. Wir werden bei der Sicherstellung
der Stromversorgung immer mehr von dem Austausch
elektrischer Energie mit Frankreich, Polen, Tschechien,
der Schweiz und Österreich abhängig sein. An windstillen
Wintertagen und -nächten werden wir Strom importieren,
an sonnigen Sommertagen sind wir auf den Export angewiesen, um die Netze zu stabilisieren. Für den exportierten Strom zu Stoßzeiten müssen wir den Abnehmern einen
Preis zahlen, weil er ihre Netze ebenfalls stört, und sie z. B.
in Polen ihre Kohlekraftwerke zeitweise abschalten müssen.

Bei der Erdgasversorgung werden wir immer mehr von
Russland abhängig, weil der größte Teil unseres Erdgases
aus Russland stammt. Unsere großen Energieversorger
haben durch die Energiewende riesige Vermögensverluste erlitten, sodass sie schon Teile ihres Gasnetzes und der
Gasspeicher an russische Unternehmen verkaufen mussten.
Unsere eigenen Reserven werden bald erschöpft sein, ebenso die unserer westeuropäischen Nachbarn. Es bleibt das
russische Gas und das Flüssiggas aus Katar.

Deutschland hat außer Braunkohle fast keine eigenen
Ressourcen. Für alle wesentlichen Rohstoffe bleiben wir
abhängig von unseren Lieferanten in aller Welt. Daran ändert die Energiewende nicht viel. Steinkohle, Öl, Erdgas,
Eisenerz, Kupfererz, Quarzsand, seltene Erden, Mineralien,
alle Grundstoffe werden wir weiter in großem Umfang benötigen.

7

Was tun?

Wenn man sich von Mythen und Illusionen freigemacht hat, ist der Weg offen für eine rationale Energiepolitik. Dabei sollten wir uns im Verhältnis zu anderen Ländern vor nationaler Überheblichkeit hüten. Die bevölkerungsreichsten Großmächte China und Indien und die anderen Schwellen- und Entwicklungsländer werden ihren wachsenden Energiehunger aus allen verfügbaren Quellen decken. Sie werden Windräder und Solaranlagen bauen, aber die Basis ihrer Energieversorgung wird noch sehr lange Kohle und Kernenergie sein. Sie lassen sich bei den Klimakonferenzen weder von den Vereinigten Staaten von Amerika noch gar von einem kleinen Land wie Deutschland Vorschriften machen.

Deshalb ist es äußerst unwahrscheinlich, dass ein großer Teil der Kohle- und Erdölreserven im Boden bleiben werden, wie es manche Wissenschaftler fordern. Den Regierungen der Entwicklungsländer ist es wichtiger, dass ihre Kinder bei elektrischem Licht lesen lernen, dass sie sauberes Trinkwasser haben und dass sie ihre industrielle Entwicklung vorantreiben können. Dafür brauchen sie die Elektrifizierung ihres Landes.

© Springer-Verlag GmbH Deutschland, ein Teil von Springer Nature 2015
K. Kleinknecht, *Risiko Energiewende*,
https://doi.org/10.1007/978-3-662-46888-3_7

Die gegenwärtige Energiepolitik in Deutschland wird den Bürgern als alternativlos dargestellt. Zweifel daran sind möglich. Die wichtigsten Ziele sind es, einen weiteren Anstieg der Strompreise zu verhindern, einen Blackout auch in Zukunft zu vermeiden und umweltverträglich zu handeln. Dazu können die folgenden Schritte beitragen:

7.1 Photovoltaik ohne Einspeisungsgarantie, aber mit Speicher

Die Vertreter der Photovoltaik behaupten, der Solarstrom sei inzwischen, nach 14 Jahren Subventionierung, konkurrenzfähig mit dem aus anderen Stromquellen. Der niedrige Preis der chinesischen Photovoltaik-Paneele macht es in der Tat möglich, PV-Anlagen auf dem Hausdach und auf dem Feld an sonnigen Standorten kostengünstig zu betreiben. Wenn das zutrifft, dann können die Anlagen auch ohne die Garantie eines festen Einspeisepreises arbeiten. Wenn diese Garantie im EEG für neue Anlagen wegfällt, müssen die Betreiber mit den anderen Stromanbietern am Markt konkurrieren. Die Eigentümer werden dann vermutlich feststellen, dass es vorteilhafter für sie ist, den eigenerzeugten Strom selbst zu verwenden, indem sie die Anlage mit einer geeigneten Batterie ergänzen. Der vorwiegend abends anfallende Tagesbedarf eines Haushalts kann durch eine Dachanlage mit vier Kilowatt Leistung und eine Batterie mit einer Speicherkapazität von ca. sechs Kilowattstunden gedeckt werden. Die Kosten der Batterie sind vergleichbar mit denjenigen für die PV-Anlage. Dann ist die Stromversorgung des Hauses wirklich dezentral, die Niederspannungsnetze werden nicht überlastet, es gibt keine Notwendigkeit, den Strom mit Verlust zu exportieren.

Für die großen Anlagen auf landwirtschaftlichen Flächen ist ebenfalls eine entsprechend größer dimensionierte Batterieanlage möglich.

7.2 Stromspeicher in Nachbarländern nutzen

Da die geplanten Pumpspeicherwerke in Atdorf (Schwarzwald) und am Jochberg (Bayern) auf großen Widerstand stoßen, kann man versuchen, die südlichen Nachbarn für eine Zusammenarbeit zu gewinnen. Der vorwiegend um die Mittagszeit anfallende Solarstrom in Bayern kann über die Grenze nach Österreich geleitet werden und dort zum Hochpumpen von Wasser in die Speicherseen dienen. In derselben Weise könnte überschüssiger Strom aus Baden-Württemberg in den Schweizer Stauseen gespeichert werden. Die Schweizer nutzen die großen Höhenunterschiede in den Alpen seit jeher für ihre Pumpspeicherwerke, sie pumpen das Wasser aus einem Unterbecken nachts mit dem Strom aus ihren Kernkraftwerken in die hochgelegenen Stauseen, tagsüber strömt das Wasser zu Tal und produziert „Ökostrom".

An der Nordsee ist ein ähnliches Projekt im Bau. Ein Unterseekabel soll den überschüssigen Windkraftstrom nach Norwegen bringen, der dort zum Pumpen von Wasser in die hochgelegenen Stauseen verwendet wird. Die dort gespeicherte Energie kann dann bei Windstille abgerufen werden, natürlich zu einem für das norwegische Unternehmen lukrativen Preis.

7.3 Nord-Süd-Leitungen bauen

Da im Norden Deutschlands an den Küsten und auf dem Meer die Windstärken größer sind als im Flachland, gibt es hier an windigen Tagen eine Überproduktion, für die vor Ort keine industriellen Abnehmer zu finden sind. Dagegen fehlt im Süden in absehbarer Zeit durch die Abschaltung der Kernkraftwerke Kraftwerksleistung, die auch nicht durch die dort vorhandene Solarenergie ersetzt werden kann. Die für den Transport vorgesehenen Leitungen müssen gebaut werden, auch wenn das einigen Anwohnern und Landesregierungen nicht gefällt. Ohne diese Leitungen würden sich in Deutschland zwei Tarifzonen für Strom herausbilden, mit höheren Preisen im Süden. Das hätte zwar den Vorteil größerer Transparenz und besserer Anpassung an Nachfrage und Angebot aus dem südlichen Ausland, aber auch ökonomische Nachteile für den Süden. Die Solidargemeinschaft, die in anderen Bereichen – Krankenversicherung, Rentenversicherung, Steuergesetzgebung, Solidaritätszuschlag – klaglos akzeptiert wird, muss sich auch hier gegen Einzelinteressen durchsetzen.

7.4 Europäisches Verbundnetz ausbauen

Deutschland ist in Europa das einzige Land mit einem hohen Anteil von Strom aus den zeitlich fluktuierenden Quellen Windkraft und Photovoltaik. Der Austausch mit den Nachbarländern ist notwendig, um im Inland entstehende Defizite und Überschüsse auszugleichen. Überschüsse können exportiert, Lücken durch Import geschlossen werden. Der Ausbau der Leitungen nach Österreich und der Schweiz ermöglicht für Bayern und Baden-Württemberg den Zugang zu den großen Kapazitäten der alpinen Stauseen als Stromspeicher. Fluktuationen der Windkraft im Norden und Osten können im Austausch mit östlichen und westlichen Nachbarn ausgeglichen werden. Die Abschottung der nationalen Netze durch Phasenschieber an den Grenzen sollte vermieden werden.

7.5 Warmwasser aus Solarthermie

Die direkteste Verwendung der Sonnenenergie ist die Aufheizung von Brauchwasser für den Haushalt. In südlichen Ländern ist sie längst Routine, fast jedes Haus in Süditalien hat eine solche einfache Vorrichtung, mit der auf dem Dach das Sonnenlicht mit Spiegeln auf ein Wasserrohr konzentriert wird.

Bei uns wird oft noch der ineffektive Weg gewählt, zunächst mit kleiner Effizienz Strom aus Sonnenlicht zu gewinnen und anschließend den Strom zur Erwärmung des

Brauchwassers zu nutzen. Da sollten wir dem Beispiel der Südeuropäer folgen.

7.6 Wärme aus dem Grundwasser pumpen

Mit zwei Rohren als Zu- und Abfluss zum Grundwasser kann eine Wärmepumpe effizient arbeiten. Das Wasser wird dabei abgekühlt und die Wärme für das Haus gewonnen. Falls das Grundwasser fließt, schöpft man aus einer nicht versiegenden Wärmequelle und kann mit einer Kilowattstunde elektrischer Energie bis zu sechs Kilowattstunden Wärme gewinnen. Weniger effektiv sind Wärmepumpen, die die Außenluft ansaugen und abkühlen.

7.7 Hybridautos

Diese Fahrzeuge haben Elektro- und Verbrennungsmotoren. Bei paralleler Arbeitsweise treiben beide Motoren die Räder an, bei niedrigen Drehzahlen der elektrische und bei hohen Drehzahlen der Verbrennungsmotor. Die serielle Bauart ist ein Elektrofahrzeug mit einem kleinen Benzinmotor zur Aufladung der Batterie (*Range Extender*). Beide Fahrzeuge vermeiden den Nachteil der begrenzten Reichweite beim reinen Elektroauto, haben aber trotzdem den Vorteil des geringen Schadstoffausstoßes.

7.8 Wärmedämmung bei Neubauten

Im Gegensatz zu der nachträglichen Dämmung von Altbauten, die teuer ist, oft mit der Architektur in Widerspruch steht und sich nur bei jungen Bewohnern in deren Lebenszeit amortisiert, können Neubauten energetisch effizient geplant und gebaut werden. Die neu hinzukommenden Gebäude sind zwar nur ein kleiner Teil der Bausubstanz, tragen aber ihren Teil zur Gesamtbilanz bei.

7.9 Fazit

Mit diesen Alternativen kann der Anstieg der Strompreise gebremst werden. Die Subventionen für die bestehenden Solar- und Windkraftanlagen fließen zwar weiter, nehmen aber in den nächsten 20 Jahren ab. Die Verwendung der erneuerbaren Stromquellen wird dezentraler. Die Verteilernetze werden entlastet. Die gesicherte Leistung der Kohle- und Gaskraftwerke wird nicht weiter reduziert, sodass die Stabilität der Verbundnetze sich erhöht und ein Stromausfall unwahrscheinlicher wird. Investitionen werden umgelenkt auf die Installation von Stromspeichern in den Kellern der Besitzer von Dachanlagen, auf den Bau von Pumpspeicherkraftwerken auch gegen den Widerstand der Anwohner und auf den Bau von Stromtrassen und Verteilernetzen.

Natürlich werden die erneuerbaren Energien aller Arten im Laufe dieses Jahrhunderts eine zunehmende Bedeutung erlangen. Aber die beste technische Realisierung wird sich international nicht durch staatliche dirigistische Maßnahmen, sondern durch Innovation mit offener Auswahl der Technologie im Markt durchsetzen.

Das riesige Vorhaben des Umbaus unserer Energieversorgung kann nur gelingen, wenn das Bewusstsein einer gemeinsamen Aufgabe Vorrang vor dem Egoismus der Einzelnen gewinnt. Dafür gibt es bis jetzt noch wenig Anzeichen. Gegen jedes der nötigen Investitionsvorhaben, seien es Hochspannungsleitungen, Pumpspeicherkraftwerke, Maismonokulturen, Biogasanlagen, Windräder nahe bei bewohnten Gebieten, neue Photovoltaikmaterialien, Kohlekraftwerke oder Gaskraftwerke, gibt es Bürgerinitiativen. In unserem Rechtsstaat können Bürger und Umweltverbände gegen jedes Vorhaben klagen. Dazu gibt es das Umweltrecht, das Kommunalrecht, das Naturschutzrecht, das Verwaltungsverfahrensrecht, und alles überwölbend das Europarecht, auf die sie sich beziehen können. Schließlich gibt es die Grundrechte der Bürger, die im Extremfall vor dem Bundesverfassungsgericht eingeklagt werden können.

Schon beim Bau von Trassen für Hochspannungsleitungen wird eine riesige Prozesslawine auf die Bundesregierung zukommen. Es ist also äußerst unwahrscheinlich, dass der Umbau der Stromversorgung in dieser kurzen Zeit zu bewältigen sein wird. Wahrscheinlich ist vielmehr, dass die Pläne, so wie sie bestehen, nämlich Tausende von Kilometern Freileitungen bis zum Jahr 2020 zu bauen, sich nicht verwirklichen lassen.

Die Energiewende wurde als national isoliertes Projekt geplant und ist von der Vorstellung einer Autarkie in der Stromversorgung geprägt. Die Auswirkungen auf die europäischen Nachbarn wurden ebenso wenig beachtet wie die Möglichkeit, durch einen Ausbau des europäischen

Stromverbundes Mehrfachinvestitionen zu vermeiden. In der europäischen Union kann es aber nicht Ziel der nationalen Energiepolitik sein, die Stromversorgung autark auszubauen. Europa ist in einem engen Stromverbund mit grenzüberschreitenden Netzen vereint. Es ist das erklärte Ziel der Europäischen Kommission und der Europäischen Präsidentschaft, die Energiepolitik der Gemeinschaft zu koordinieren und einen gemeinsamen Energiemarkt zu schaffen und auszubauen. Insbesondere sollten die nationalen Märkte für Strom zusammenwachsen. Mindestens zehn Prozent des Stroms in einem Land sollen mit den Nachbarländern ausgetauscht werden. Durch die Energiewende in Deutschland wird diese Entwicklung zurzeit zurückgedreht. Da sich die polnischen Nachbarn vor den mittäglichen Stromspitzen der deutschen Solaranlegen schützen wollen, werden zur Zeit an den Koppelstellen zwischen den beiden Ländern Phasenschieber eingebaut, die es erlauben, den Durchfluss zu stoppen. Energetische Autarkie und Abschottung sind Rezepte aus dem letzten Jahrhundert. An die Stelle einer angestrebten Autarkie in der Energiepolitik sollten ein partnerschaftlicher Ausbau der europäischen Verbundnetze und eine Anerkennung der völlig andersartigen Versorgungsstruktur in unseren Nachbarländern treten, deren Stromerzeugung auf Wasserkraft, Kohlekraft und Kernenergie beruht.

Beim Aufbau der neuen Bundesländer im Osten nach der Wende von 1989 gab es ein Investitionsbeschleunigungsgesetz, mit dem Verwaltungs- und Genehmigungsabläufe so beschleunigt wurden, dass in zwei Jahrzehnten Straßen, Kläranlagen, Wasserversorgungen, die gesamte öffentliche Infrastruktur aufgebaut werden konnten. Solch ein Gesetz fehlt bisher beim Umbau der Energieversorgung nach 2011. Mit einem solchen Investitionsbeschleunigungsgesetz, dem Ausbau des europäischen Verbundnetzes und einer grundlegenden Reform des EEG lassen sich die großen Risiken der Energiewende noch vermeiden. Darauf können wir hoffen.

Literaturhinweise

Ernst Bloch, Spuren, Suhrkamp Verlag, Frankfurt 1985

Bundesanstalt für Geowissenschaften und Rohstoffe (BGR), Reserven, Ressourcen und Verfügbarkeit von Energierohstoffen, Hannover

Deutsche Physikalische Gesellschaft, Klimaschutz und Energieversorgung 1990–2020, September 2005, DPG, Bad Honnef (Autoren: Walter Blum, Wolfgang Breyer, Eike Gelfort, Arnold Harmsen, Martin Keilhacker, Gerhard Luther, Andreas Otto, Günther Plass und Eckard Rebhan)

Gerd Ganteför, Klima, Der Weltuntergang findet nicht statt, Wiley-VCH, 2010

Klaus Heinloth, Die Energiefrage, 2. Auflage 2003, Vieweg Verlag, Braunschweig

N. Jungbluth und R. Frischknecht, Literaturstudie Ökobilanz Photovoltaikstrom und Update der Ökobilanz für das Jahr 2000, ESU-Services, Uster, im Auftrag des Bundesamtes für Energie (CH), Dez. 2000.

Günter Keil, Die Energiewende ist schon gescheitert, TvR Medienverlag, 2012

Manfred Kleemann, Aktuelle Einschätzung der CO_2-Minderungspotentiale im Gebäudebereich, Forschungszentrum Jülich, November 2003

© Springer-Verlag GmbH Deutschland, ein Teil von Springer Nature 2015
K. Kleinknecht, *Risiko Energiewende*,
https://doi.org/10.1007/978-3-662-46888-3

David JC MacKay, Sustainable Energy- without the hot air, UIT Cambridge (England) 2009

Dennis Meadows, Donella Meadows, Erich Zahn, Peter Milling; Die Grenzen des Wachstums, Rowohlt Verlag, Reinbek 1973

Horst-Joachim Lüdecke, Energie und Klima - Chancen, Risiken, Mythen, expert Verlag 2013

Manfred Popp, Deutschlands Energiezukunft- Kann die Energiewende gelingen?, Wiley-VCH, 2013

Frank Schätzing, Der Schwarm, Kiepenheuer und Witsch, Köln 2004.

C.-D. Schönwiese, Klimatologie, 3. Auflage 2008, Eugen Ulmer Stuttgart

Glossar

Alphateilchen Kern des Helium-Atoms, bestehend aus zwei Protonen und zwei Neutronen

Ampere Einheit des elektrischen Stroms

Ampère, André Marie französischer Physiker, 1775–1836

Atmosphäre einhüllende Schicht der Erde aus Stickstoff, Sauerstoff und Spurengasen

Atom kleinster Bestandteil eines chemischen Elements; besteht aus dem positiv geladenen Atomkern und der negativ geladenen Atomhülle

Atomkern positiv geladenes Zentrum des Atoms, bestehend aus positiv geladenen Protonen und neutralen Neutronen

Atomhülle negativ geladene Hülle des Atoms, bestehend aus Elektronen

Aquifere poröse salzwasserführende Schichten in großer Tiefe unter dem Meer

Bar Maßeinheit des Luftdruckes, 1 Bar entspricht dem Atmosphärendruck bei Normalbedingungen

© Springer-Verlag GmbH Deutschland, ein Teil von Springer Nature 2015
K. Kleinknecht, *Risiko Energiewende*,
https://doi.org/10.1007/978-3-662-46888-3

Barrel (engl.) Fass mit 159 L Volumen

Becquerel, Alexandre Edmond französischer Physiker, Entdecker des photoelektrischen Effekts, 1820–1891

Becquerel, Henri französischer Physiker, Entdecker der Radioaktivität, 1852–1908

Betazerfall radioaktive Umwandlung eines Atomkerns mit Emission eines Elektrons und eines Antineutrinos

Bethe, Hans A. deutsch-amerikanischer Physiker, 1906–2005

BGR Bundesanstalt für Geowissenschaften und Rohstoffe, Hannover

Biokraftstoff aus Pflanzen hergestellte flüssige organische Verbindung zum Antrieb von Motoren

Carnot, Sadi französischer Physiker, 1796–1832

Club of Rome Diskussionsforum über Probleme der Welt, gegründet 1968 von Aurelio Peccei, Alexander King, Eduard Pestel

Corioliskraft aus der Erddrehung resultierende Kraft auf bewegte Körper auf der Erdoberfläche

Curie, Marie geb. Sklodowska, polnisch-französische Physikerin, 1867–1934

Dampfmaschine Wärmekraftmaschine, in der mit heißem Dampf periodisch arbeitende Maschinen angetrieben werden

Dampfturbine rotierende Anordnung von Schaufeln, die von Dampf angetrieben wird und mit einem verbundenen elektrischen Generator Strom erzeugt

Dena Deutsche Energie-Agentur, Berlin

DPG Deutsche Physikalische Gesellschaft, Bad Honnef, größte wissenschaftliche Gesellschaft der Welt mit 50.000 Mitgliedern

EEG Erneuerbare-Energien-Gesetz (2000)

Effizienz Wirkungsgrad einer Maschine, bei Wärmekraftmaschinen: Verhältnis zwischen erzeugter mechanischer Arbeit und Wärmeeinsatz

EIA Energy Information Administration, Washington, Energie-Informationsstelle des Energieministeriums der USA

Einstein, Albert Physiker, Entdecker der Relativitätstheorie und der Quantennatur des Lichts, geb. 1879 in Ulm, gest. 1955 in Princeton

Emissionsrechte die einem Land oder Unternehmen zugeteilten Verschmutzungsrechte für den Ausstoß von Kohlendioxid in die Atmosphäre

Energie Universell erhaltene Größe in mechanischen Systemen (Arbeit, Einheit: Newton × Meter), in thermodynamischen Systemen (Wärme, Einheit: Joule) und in elektromagnetischen Systemen (Einheit: Wattsekunde, Kilowattstunde)

EnEv Energieeinsparverordnung

Erde blauer Planet, Abstand zur Sonne 150 Millionen Kilometer, Radius 6378 km, Umlauf um die Sonne in 365,25 Tagen, Eigendrehung in 24 Stunde, Neigung des Äquators gegen die Bahnebene 23,5 Grad

Erdgas in geologischen Lagerstätten gespeicherte Mischung aus leichten Kohlenwasserstoffen, vorwiegend Methan

Erdöl im Laufe der Erdgeschichte aus organischer Materie gebildetes Gemisch aus schweren Kohlenwasserstoffen, lagert unter der Oberfläche in Kavernen zusammen mit Erdgas

Erneuerbare Energien Energiequellen auf der Erde, die durch die Sonnenenergie regelmäßig wieder nachgefüllt werden

eV Elektronvolt: Energie, die ein Elektron beim Durchlaufen einer elektrischen Spannung von 1 V gewinnt

Fass im Ölhandel Behälter mit 159 L Volumen

Feuer Verbrennung von Stoffen durch chemische Verbindung mit dem Sauerstoff der Luft unter Abgabe von Wärme

Flöz Kohleführende Schicht unter der Erde oder an der Oberfläche

Fossile Brennstoffe in geologischen Zeiträumen aus organischer Materie entstandene Kohlenwasserstoffverbindungen: Torf, Kohle, Öl, Erdgas

Fossilien in geologischen Schichten erhaltene Abdrücke von organischen Lebewesen

Fusion Verschmelzung von Wasserstoff zu Helium unter Energieabgabe

Gammastrahlung energiereiche elektromagnetische Strahlung, entsteht beim Zerfall von angeregten Atomkernen

Giga- Vorsilbe für Milliarden (G)

GW Gigawatt, eine Milliarde Watt Leistung GWh (Gigawattstunde), 1 Millionen kWh (Kilowattstunden); 1 kWh ist die Energiemenge, die bei einer Leistung von 1000 W innerhalb von einer Stunde umgesetzt wird.

Gletscher Eisschichten in großer Höhe von Gebirgen, die ganzjährig gefroren bleiben

Gravitation Schwerkraft, anziehende Kraft zwischen Massen; Grundlage der Planetenbewegung um die Sonne

Grundlast Mindestbedarf an elektrischer Energie zu jeder Zeit rund um die Uhr zur Versorgung der gesamten Infrastruktur eines Landes; beträgt in Deutschland etwa 60 Prozent der Spitzenlast

GuD Gas- und Dampfkraftwerkstechnik

GW Gigawatt, Milliarde Watt Leistung

GWp Gigawatt-Peak, installierte Spitzenleistung einer zeitlich variablen Stromquelle

Helmholtz, Hermann deutscher Physiker, formulierte den Satz von der Erhaltung der Energie, 1821–1894

IPCC Intergovernmental Panel on Climate Change, gegründet von der Umweltorganisation der Vereinten Nationen (UNEP); Hunderte von Klimaforschern arbeiten an den Berichten des IPCC

Isotope verschiedenartige Atome des gleichen chemischen Elements, die sich nur in ihrer Masse unterscheiden

Kepler, Johannes deutscher Physiker und Astronom, 1571–1630, Hofastronom des Kaisers Rudolf II., entdeckte die Ellipsenbahnen der Planeten und Gesetze der Optik

Kernenergie bei der Spaltung eines Urankerns freiwerdende Wärmeenergie

Kernkraftwerk Anlage zur Gewinnung elektrischer Energie aus der Uranspaltung

Kilo- Vorsilbe für Tausend (k)

kV Kilovolt = 1000 V Spannung

kW Kilowatt = 1000 Watt Leistung

kWh Kilowattstunde: elektrische Energieeinheit; ein Gerät mit 1 Kilowatt Leistung gibt in einer Stunde 1 kWh Energie ab

Klima Gesamtheit der physikalischen und chemischen Vorgänge in der Erdatmosphäre, Mittelwert der Bedingungen über 30 Jahre

Kohle in geologischen Zeiträumen unter Luftabschluss aus organischer Materie entstandener Stoff

Kohlendioxid Verbrennungsprodukt aller Kohlenwasserstoffe, d. h. aller fossilen Brennstoffe Kohle, Öl, Erdgas

Kohlenstoff Element mit sechs Protonen und sechs Neutronen im Atomkern

Kraftstoff flüssige oder gasförmige Verbindung zum Antrieb von Motoren mittels Verbrennung

Kyoto-Protokoll internationaler Vertrag zur Minderung der Emission von Treibhausgasen; trat im Februar 2005 in Kraft

Mayer, Robert Mediziner und Physiker, formulierte als Erster das Energieprinzip, 1814–1878

Mega- Vorsilbe für Million (M)

MeV Mega-Elektron-Volt: Energieeinheit

Methan Hauptbestandteil des Erdgases, chemisch CH_4

Methanhydrat Verbindung von Methan mit Wasser; entsteht bei 4 Grad und Druck über 50 bar

Mikro- Vorsilbe für Millionstel (μ)

Milli- Vorsilbe für Tausendstel (m)

Mond Trabant der Erde, Abstand vom Erdmittelpunkt 60 Erdradien, Radius 1738 km, Masse 1/82 der Erdmasse

MW Megawatt, Million Watt elektrischer Leistung

MWh Megawattstunde = 1000 kWh

MWp Megawatt-Peak, installierte Spitzenleistung einer zeitlich variablen Stromquelle

Nano- Vorsilbe für Milliardstel

Neutron elektrisch neutraler Baustein des Atomkerns

NOAA National Oceanic and Atmospheric Administration der USA, Washington

Nordseeküste deutsche Küste zwischen Emden und Sylt; bester Standort für Windkraftanlagen in Deutschland

Off-shore-Windkraftwerke Windkraftwerke, die im offenen Meer oder küstennah auf Pfeilern errichtet werden

Ozon Molekül aus drei Sauerstoffatomen, O_3

Parabolrinnenkraftwerk Anordnung von trogförmigen Spiegeln zur Konzentration des Sonnenlichts und zur Erzeugung elektrischer Energie

Photovoltaik Erzeugung elektrischer Spannung direkt aus dem Sonnenlicht mithilfe von Solarzellen aus Silizium, Abkürzung PV

ppm oder

ppmv *parts per million*, Millionstel Volumenanteile

Proton stabiler, positiv geladener Baustein des Atomkerns

Radioaktivität Umwandlung eines Atomkerns mit Aussendung von Strahlung oder geladenen Elementarteilchen

Reaktor Anlage zur Gewinnung von Wärme und elektrischer Energie aus der Kernspaltung

Sequestrierung Abscheidung des Kohlendioxids aus der Kohleverbrennung mit chemischen Methoden und Endlagerung des CO_2 in tiefen geologischen Schichten

v. Siemens, Werner deutscher Physiker und Ingenieur, Erfinder des Generators, 1816–1892

Solarenergie Energie aus der Nutzung des Sonnenlichts

Solarkonstante Energie, die pro Stunde von der Sonne mittags auf einen Quadratmeter der oberen Atmosphäre am Äquator fällt; sie beträgt 1367 Kilowatt pro m^2

Solarthermische Kraftwerke Kraftwerke zur Nutzung der Sonnenenergie mit Spiegeln und Umwandlung der Wärme in elektrische Energie

Tera- Vorsilbe für Tausend Milliarden (T)

TW (Terawatt) 1 Milliarden kW Leistung

TWh (Terawattstunde) 1 Milliarden kWh; 1 kWh ist die Energiemenge, die bei einer Leistung von 1000 W innerhalb einer Stunde umgesetzt wird

Treibhauseffekt Erwärmung der Erdoberfläche durch die Erdatmosphäre

Treibstoff flüssige oder gasförmige Verbindung zum Antrieb von Motoren mittels Verbrennung

Uran schweres Element mit 92 Protonen und 92 Elektronen in einem Atom; das Element mit 146 Neutronen im Kern. (Uran-238) ist stabil; das Element mit 143 Neutronen (Uran-235) kann durch langsame Neutronen gespalten werden und ist der Brennstoff der Kernreaktoren

Venus sonnennäherer Nachbarplanet der Erde, Abstand zur Sonne 108 Millionen km, Radius 6051 km, Umlauf um die Sonne in 584 Tagen, Eigendrehung in 243 Tagen, Neigung des Äquators gegen die Bahnebene drei Grad

Volt Einheit der elektrischen Spannung

Volta, Alessandro italienischer Physiker, 1745–1827

Watt Einheit der elektrischen Leistung: eine Spannungsquelle, die einen Strom von 1 A bei 1 V Spannung liefert, leistet 1 Watt; 1000 Watt entsprechen 1,36 Pferdestärken (PS)

Watt, James englischer Physiker, Erfinder der Dampfmaschine, 1736–1819

Windkraftanlage Anlage zur Gewinnung mechanischer und elektrischer Energie aus Wind

Wirkungsgrad bei Wärmekraftmaschinen: Verhältnis der gewonnenen Arbeit zu der vom heißen Reservoir abgegebenen Wärmemenge; bei Photovoltaikzellen: Verhältnis der erzeugten elektrischen Energie zur eingestrahlten Lichtenergie

Sachverzeichnis

50Hertz 175

A

adiabatischer Druckluftspeicher 181
Ägypter 8
Akasaki, I. 124
Alphateilchen 5, 233
Alt, F. 219
Altbau, energetische Renovierung 126
Amano, H. 124
Ampere 233
Ampère, A. M. 233
Äquator 99
Aquifere 233
Asbeck, F. 111, 152
Asner, G. 96
Assuan-Staudamm 72
Atatürk-Staudamm 77
Atatürk-Stausee 78
Atmosphäre, Kohlendioxidanteil 55
Atom 233

Atomenergie, Ausstieg 161
Ausstiegsgesetze 166, 167
Atomhülle 233
Atomkern 233

B

Babylonier 7
Bar 233
Bardeen, J. 107
Barrel 234
Beck, U. 158
Becquerel, A. E. 107, 234
Becquerel, H. 234
Betazerfall 234
Bethe, H. A. 234
BGR (Bundesanstalt für Geowissenschaften und Rohstoffe, 19, 234
Bio-Ethanol 118
Biogas 95
Biokraftstoff 234
Biomasse 94, 95, 97
zur Energieerzeugung 95
Blackout 170, 206–208

© Springer-Verlag GmbH Deutschland, ein Teil von Springer Nature 2015
K. Kleinknecht, *Risiko Energiewende*,
https://doi.org/10.1007/978-3-662-46888-3

Blockheizkraftwerke
dezentrale 130
Bose, S. N. 143
Boutros-Ghali, B. 73
Brandrodung 96
Brattain, W. 107
Braunkohle 37, 38, 195
deutsche 45
Braunkohlekraftwerke 214
Brennstoffe, fossile 57
Buna-Verfahren 119
Bundes-Netzentwicklungsplan
2013 194
Bush, G. W. 11

C
Carbon Capture and Storage
(CCS) 164
Carnot, S. 39–42, 234
CCS (Carbon Capture and
Storage) 50, 164
China 133–135, 139–141
Dreifachstrategie 138
Ölimport 137
Smog 136
Chirac, J. 148
Choi, Y.-S. 202
CIS-Zelle 110
clean coal 164
Club of Rome 9, 12, 234
CO2-Ausstoß 122
Compressed Natural Gas 119
Corioliskraft 234
Curie, M. 234

D
Dämmmaterial, Gefahren 127
Dampfkraftwerke 46
Dampfmaschine 234
Dampfturbine 234
Demirel, S. 79
Dena 235
DESERTEC-Projekt 104
Deutsche Bahn 220
Deutsche Erdöl AG
(DEA) 191
Diethanolamin 48
Diode, lichtemittierende 124
DPG 235
Druckluftspeicher 180
adiabatischer 181
Dumping-Klage 212

E
E.ON Energie 192, 193
EEG (Erneuerbare-Energien-
Gesetz) 34, 82, 110, 151,
153–155, 165, 169, 178,
187, 190, 193, 194, 205,
214
EEG-Einspeisegebühr 213,
219
EEG-Umlage 189
Effizienz 235
EIA (Energy Infomation
Administration) 12, 235
Einspeisungsvergütung 110
Einstein, A. 107, 235
Eiszeit 7, 56, 57

el Sadat, A. 73
elektrische Energie, Speicherung 176
Elektroauto 123, 183
Elektronvolt 236
Elsberg, M. 204
Emissionsrechte 235
Enercon 213
energetische Rückgewinnungszeit 110
energetische Rückzahldauer 110
Energie 235
  elektrische, Speicherung 176
  fossile 1
Energieeinsparung 120, 126
Energieeinsparverordnung 125
Energieerhaltungssatz 39
Energiemix 43
Energiepflanzen 95
Energieverbrauch 12
  im Haushalt 124
Energieversorgung-Weser-Ems 86
Energiewende 211, 222, 230
ENI 26
Entwicklungsländer 61
Erdatmosphäre 52
Erdbahn 55
Erde 235
  bei Nacht 58
  Wärmeaufnahme 56
Erderwärmung 198, 199, 201

Erdgas 20, 235
  Abfackeln 29
  flüssiges 27
  für Kraftwerke 33
  Leckverluste 26
  Preise 30
  Weltreserven 23
  Zusammensetzung 27
Erdgasmarkt 31
Erdgaspipelines, europäisches Netz 25
Erdgasreserven 32
Erdöl 236
Erneuerbare-Energien-Gesetz s. EEG 34
Ersatzkraftstoffe 116, 120
ESPO-Pipeline 138
Ethikkommission 156, 158–160, 162–164, 167
Euphrat 78, 79
EU-Richtlinie 2009/31/EG 50

F

Fass 236
Fell, H.-J. 152
Feuer 236
Flöz 236
fossile Brennstoffe 57, 236
fossile Energiequellen 1
Fossilien 236
Fracking
  von Erdgas 29, 30
  von Öl 17, 18

Fridman, M. 192
Frischknecht 109
Fukushima Daiichi 157
Fukushima-Havarie 158
Fusion 236

G

Gabriel, S. 192
Gallium-Experiment 98
Gammastrahlung 236
Gang, W. 155
Garzweiler 2 38
Gaskraftwerke 34, 35, 193
Gates, B. 118, 144
Gazprom 20, 22, 26, 30
General Electric Wind Energy 213
Gesetz über erneuerbare Energien s. EEG 34
Giga 236
Gigawatt 236
Glässel-Zelle 116
Gletscher 237
Goethe 106
Gravitation 237
Großkraftwerk 168
Grundlast 34, 237
    Definition 43
Gui-Lin 3
Güney Anadolu Projesi 77
GWp 237

H

Heizkosten 126
Heliostat 102
Helmholtz, H. 237
Hexa-bromo-cyclo-dodecan 127
Hochspannungsnetz 169
Höchstspannungsleitung 172
Höchstspannungsnetz 168
Holzkohle 90
Homann, J. 221
horizontale Tiefenbohrung 29
Hulme, M. 203
Hybridantrieb 122, 123
Hybridauto 228
hydraulic fracking 17

I

Indien 142, 143, 146, 148
IT-Industrie 144
    produzierende Industrie 144
International Panel for Climate Change (IPCC) 198
Investitionsbeschleunigungsgesetz 232
IPCC (International Panel for Climate Change) 199, 237
IPCC-Modelle 202
Irakkrieg 10
Isotope 237

Itaipu-Fallrohre 75
Itaipu-Staudamm 73, 74

K
Kalkfelsen 3
Kamm, V. 175
Kant, I. 156
Katar 28
Keeling, C. D. 66
Kepler, J. 5, 55, 237
Kernenergie 237
Ausstieg 165
Kernfusionsprozesse 4
Kernkraftwerk 238
Kilowattstunde 238
Kirsten, T. 98
Kleemann, M. 125
Klima 238
Klimageräte 129
Klimakonferenz in Lima 61
Klimamodelle 202
Klimamodellrechnungen 201
Klimaschutz 214
Kohle 35, 238
Kohlehydrierung 119
Kohlekraftwerke 44–48, 51
Kohlendioxid 58, 238
    Emission 59, 60, 63
    pro Einwohner 60
    weltweite 63
    Endlagerung 48, 49
    Gesamtemission 59
    Sequestrierung 50

Kohlendioxidausstoß 47, 64
Kohlendioxidkonzentration
    Anstieg 67
    Auswirkung auf Atmosphäre 66
Kohlenstoff 238
Kohler, S. 196
Kosla, V. 118
Kraftstoff 238
Kraft-Wärme-Kopplung 130
Kümpel, H.-J. 19
Kyoto-Protokoll 60, 61, 63, 238

L
Leckverluste von Erdgas 26
LED (lichtemittierende Diode) 124
Lenard, P. 107
Lessing, G. E. 156
lichtemittierende Diode 124
Li-Ion-Batterie 115, 183
Lindzen, R. S. 202
Liquid Natural Gas 29
Liquid Petrol Gas 119

M
Mauna Loa 66
Mauritsen, T. 200
Maya-Kultur 93
Mayer, R. 39, 238
Meadows D. 9
Megawatt-Peak 239

menschliche Zivilisation, Entstehung 6
Methan 27, 33, 182, 239
Methanhydrat 32, 33, 239
Methanol als Treibstoff 119
Milankovic, M. 55
Mittal, L. 145
Mitteleuropäer 8
Modellrechnungen 200
Modi, N. 148, 149
Mond 239
Monoethanolamin 48
Mugiao, X. 134
Müller, W. 151

N

Nabucco (Projekt) 26
Nakamura, S. 124
Nano 239
National Grid 24
Natrium-Schwefel-Batterie 182
Netzbetreiber 86
Neutron 239
Niedrigenergiehaus 125
Nilwasser 73
Nordseeküste 239
Nord-Süd-Leitungen 174
Nutation 56

O

Obama, B. 148
Off-shore-Anlagen 89

Off-shore-Windkraftwerke 239
Ökobilanz 214
Ölkonzerne 14, 16
Ölpreis 18
Ölreserven
    der Erde 14, 15
    der USA 10
    förderbare 9
Ostseepipeline 24, 191
Özal, T. 79
Ozon 239

P

Papier, H.-J. 166
Parabolrinnenkraftwerk 100,
    102, 240
    in der Mojave-Wüste 101
parts per milion (ppm) siehe
    ppm Passivhaus 125
Perpetuum mobile
    erster Art 40
    zweiter Art 41
pflanzliche Kraftstoffe 118
Phasenschieber 175, 196
photoelektrischer Effekt 107
Photonen 107
Photosphäre 99
Photovoltaik 107, 108, 112,
    116, 176, 177, 188, 224, 240
    dezentrale Nutzung im
        Wohnhaus 114
Photovoltaikanlage 115, 184
    Rendite 112

Photovoltaikkraftwerk 114
  in Espenhain 112
Piyush Goyal 65
Potsdam-Institut für Klimafolgenforschung 201
Power-of-Siberia-Pipeline 26, 31
power-to-gas-to-power 182
ppm (*parts per milion*) 59, 66, 240
ppmv siehe ppm
Präzession 56
Proton siehe ppm
PSE Operator 195
Pumpspeicherkraftwerk, Wirkungsgrad 179

R
Radioaktivität 240
Rauchgas 46, 47
Reaktor 240
Redox-Flow-Batterie 183
Regenwälder 96
Ressourcen 14
Risiken 187, 190, 191, 198, 204
Rohöl 12
RosUkrEnergo 22
Röttgen, N. 166
Rousseau, J.-J 156
Rückgewinnungszeit, energetische 110

Rückzahldauer, energetische 110
Russland, Energiereserven 23
RWE 31, 161, 191, 192

S
Salomon, D. 196
Salzwasser-Aquifere 49
Schachtelhalmwälder 2
Schluchseekraftwerk 180
Schott Glas 213
Schwarze Pumpe (Kraftwerk) 50
Schwefel 45
Schwellenländer 65
schwere Elemente
  Entstehung 4
Seehofer, H. 156
Sequestrierung 240
Shockley, W. 107
Siemens, W. v. 240
Silizium 108
Siliziumkristall 109
Singh, M. 148
Smart Meters 204
Smog 136
Solarenergie 240
Solarkonstante 240
Solarkraftwerke 178
Solarpark mit Silizium-Solarzellen 113
Solarstromeinspeisung 177, 178

Solarthermie 98
   zur Stromerzeugung 100
solarthermische Kraftwer-
   ke 100, 102, 103, 240
   Prinzip der Wärmekonzent-
   ration 101
Solarunternehmen 212
Solarworld 153, 211
Solarzelle 108, 110
   Herstellung 108
Sonne 53
Sonnenenergie 98, 99
   zur Warmwasserberei-
   tung 100
Sonnengürtel 102
South Stream 26
Staudamm, Risiken 80
Staudammprojekte 72, 73,
   76, 77
Stauseen 70, 80
   in Deutschland 81
Steinkohle 35
Steinkohleförderung 36
Steinkohlereserven 36
   regionale Verteilung 37
Strom für Süddeutschland 165
Stromerzeugung 40
Stromnetz
   Ausbau 168
Strompreise 165
Stromspeicher 225
Stromtrassenneubauplan 173
Stromverbrauch, Spitzenbelas-
   tungen 43

Styropor 127
Subvention 211
Supernova 5
Suzlon 213

T
Tera 241
Terawattstunde 241
Tiefenbohrung, horizontale 29
Töpfer, K. 154, 159
Treibhauseffekt 53, 241
   anthropogener 60
   natürlicher 53
Treibhausgase 54
Treibstoff 241
Trinkwassergewinnung aus
   Meerwasser 105

U
Uran 241

V
Vattenfall 167
Verkehr, Energieeinspa-
   rung 121
Vestas 213
Voll-Last 85
Volt 241
Voltaire 156

W
Wafers 109
Wald 92

Waldbrände 92
Wärmedämmung 125, 229
  Kosten 127, 128
Wärmekraftmaschine 42
Wärmekraftwerk 130
Wärmepumpe 228
Wasserkraft 69, 71, 79, 81
  Anteil 71
  weltweiter Ertrag 71
Wasserstoffgas 116
Wasserstofftechnologie 117
Watt, J. 40, 242
Wechselrichter 171
Weltklima 62
Wenzong, Z. 137
Windgeschwindigkeit 84, 85
Windkarte für Deutschland 83
Windkraft 82, 83, 85, 87, 176
  in Deutschland 88
  Stromeinspeisung 177, 178
Windkraftanlage 242
Windkraftanlagen 82, 86, 172
  Größe 84
Windkraftwerk/e 86, 178
  Regelkapazität 87
  Reservekapazität 86
Wintershall 192
Wirkungsgrad 41, 242
  von Kohlekraftwerken 44

X
Xi Jinping 64
Xiaoping, D. 133, 134

Y
Yangtse 76

Z
Zahn, E. 9
Zweiter Hauptsatz der Thermo-
  dynamik 41

Printed in the United States
By Bookmasters